猴面包树

TOM CHATFIELD

HOW TO THINK

清 晰 思 考

[英] 汤姆·查特菲尔德 著　赵军 主译

浙江教育出版社·杭州

目录

译者序 /008

致谢 /014

认识作者 /016

如何使用此书 /018

0　引言：对思考进行思考 /022

元认知和对世界的理解 /024

共同思考 /026

找到并填补你的无知 /031

1 注意力和反思：养成更好的思维习惯 /036

怀疑、习惯和启发式思维 /038

将建设性怀疑付诸实践 /042

时间、注意力和技术 /046

2 与文字打交道：文本细读和清晰写作 /054

清晰和精确之间的区别 /056

让你的写作变得清晰 /060

修辞、谬误和网络语言 /067

3 假设的重要性：审视话语里隐藏的内容 /076

误解vs有意义的分歧 /078

那些定义我们的假设 /085

从假设到探究 /091

4 给出充分的理由：论证的重要性 /098

论证vs断言 /100

前提、结论和标准形式 /104

评估推理过程：演绎和归纳论证 /110

5 寻求合理的解释：探究事物背后的原因 /122

稻草人谬误和宽容原则 /124

提出解释 /128

检验另一种解释 /132

6 创造性思维和合作思考：找到有效过程 /144

想象力和创造力 /146

克服障碍，提出独到的见解 /153

建立更好的合作 /158

7 关于数字：别让统计数据骗了你 /166

探究数据背后的故事 /168

了解常见的统计数据误用 /175

概率、可变性和代表性 /182

8 技术及其复杂性：在21世纪背景下 /194

审视"技术" /196

被编码的偏见与假设 /200

荒谬的工具中立论 /208

写在最后的话 /214

帮你清晰思考的工具包：十个关键概念 /222

尾注和阅读拓展 /232

译者序

我们无时无刻不在思考。美国国家科学基金会（National Science Foundation）发表的一篇文章显示，普通人每天会在脑海里闪过1.2万至6万个念头，其中80%的念头是消极的，95%的念头与前一天完全相同。我们日常生活中有时会说一个人思路清晰，偶尔也可能说某个人"一脑子糨糊"；有时需要去说服别人，有时候又有人来"忽悠"我们。

我们知道，思考是人类思维对世间万物的自然反应，也是对大千世界的主动探索。每个人都会思考，说某个人是思考者肯定属于一种褒奖。人类历史上的所有理论和定律、宗教和哲学、诗歌与绘画、建筑与航天器的设计蓝图等，全部来自人类广阔无垠的思维宇宙，人类用文明和智慧点亮了这颗在宇宙里孤独地存在了数十亿年的蓝色行星。上天赋予人类的思考天赋是如此珍贵而又特别，但真正的有效思考从来都不是简单的、顺应本能的想当然，而是需要我们带着近乎苛刻的谨慎，以正确为前提，遵循严密的逻辑，一步步最终推导出可靠的结果。有效和清晰思考是可以教授和培养的技能，我想，这正是本书试图分享给读者的重要内容。

然而，我们常常会忽略思维训练的重要性——大多数时候人们根本认识不到自己的思考过程是有瑕疵的：从错误的预设出发，从思考开始的那一瞬间就已经和正确结论失之交臂。正如威廉·詹姆斯（William James）所言：很多人以为自己在思考，其实他们只是在重新整理自己的偏见。这种思考方式利己、简单，思考的目的被简化为对自身行为和欲望的合理化。如果不积极反思自己的思考过程，对其严加规范，那么很多人都会落入简单化的圈套中，因为我们容易受到本能的影响和控制。神经科学家保罗·麦克莱恩（Paul MacLean）提出过人类的三元脑模型的概念。在人类进化的过程中，分别产生了本能脑、情绪脑和理智脑。有时情绪和理智的力量过于薄弱，无法抵抗本能强大的控制，然而本能层面的思考容易指向错误的方向。历史上，赵孝成王手握兵权、坐拥疆土，却被赵括侃侃而谈的外表蒙蔽，忽视他胸无一策的事实，因为轻信他的能力而在长平之战中折损40万将士。孝成王正是落入了"赵括的父亲赵奢英勇善战，因此他的儿子也一定善于带兵"的思维陷阱中，本能地信任赵括显赫的门第，却看不到事物的底层逻辑。

要如何解决这个问题呢？值得庆幸的是，现在是人类文明蓬勃生长的信息化时代，关于思考的反思风起云涌，越来越多的人认识到了修正思考过程的意义，本书更是提要钩玄、字字珠玑。作者提炼出了清晰思考的八个要点，并将其浓缩为包含十个关键概念的工具包。只要在思考的过程中时时对照这十个概念，反思并及时矫正自己思考的出发点、过程和目的，你的思维就有可能达到前所未有的清晰精确。

"论证"拥有与思考类似的过程，都需要我们从正确的前提出发，经过严密的推理，得到可靠的结果。"假设"是我们思考的起点，人类最根深蒂固的假设，全部来自血脉里的情感和本能，需要在思考的过程中进行验证和讨论。"精力"和"宽容"是我们思考时必须具备的素质。信息化时代繁杂的声音让我们不得不分出一部分精力抵抗它们的干扰，只有排除无关信息的影响，思维才能自由地流淌。而宽容指导着我们从异见中学习，在不确定他人观点的对错时，优先假设他们是正确的，并尽可能从中汲取有益内容。"确定"是我们思考时试图捕捉的东西。人们在思考时通常已经对答案有了预设，因此人们只看见自己想看见的内容，试图以此证明自己的答案是正确的。我们需要以讨论、获取外部信息、重构问题等方式避免这种有害的认知偏见。"质疑"是思考的有效工具。相比于享受确定带来的安逸，我们更应该积极地去探索未知和各种各样的不确定性。质疑并不等于批判，诚恳的质疑能帮助我们认识和预测现实。"解释"是思考的目的，正确、全面且简洁的解释催生预测，我们在检验这些预测的过程中完善对世界的认知。"谬误""修辞"和"可变性"是我们思考时需要警惕的内容。谬误欺骗人的思维，试图说服你接受错误的或有瑕疵的推理，避开它们的唯一办法就是熟知谬误的常见种类，否则谁都有可能被看似逻辑完美的荒唐谬误欺骗。警惕谬误的同时，也要牢记宽容原则。相比旨在欺骗的谬误，修辞的目的是说服，即便是所谓的公正或中立的语气也可能具有强烈的修辞特性，我们要学会分清"语气、语言的情感效果"和"话语的信息内容"，了解修辞不仅能帮助我们分辨谬误，还能完善我们的表达。可变性要求我们对任何统计调查的结果都保持警惕，统计和调查永远无法摆脱时间和地域上的局限性，因此这些结果的参考性也大打折扣。

　　本书深入浅出，理解这十样工具并不困难。然而，"观千剑而后识器"，从了解到掌握再到能在思考过程中本能地运用是复杂漫长的过程。本书在每章中给出了思考题，以引导读者温故知新、练习运用。也许这些思考题还远远不够，但是没关系，你已经掌握了本书想要阐释的重点，此后工作、学习和生活里的所有现象、遇到的人、阅读的书籍，都会成为你的思考题。

　　思考是每个人每天都在做的事情，清晰思考是我们每个人追求的目标。本书从纠正思考误区，到完善思考逻辑，对强化个人的思维和认知做出了全面的指导，不管是在日常生活中还是在专业领域，都有直接和现实意义。祝愿大家读完这本书之后，都能提高自己的思考能力，带着更敏锐的头脑与更清晰的思维，追风赶月莫停留。

最后，我也想特别感谢猴面包树工作室资深文化人李娟女士的信任。她邀请我主译这本书，让我有机会站在另外一个角度来重新整理一下自己的思维。同时感谢陈喆认真参与翻译工作，在全心全意展现良好合作精神的同时贡献了自己的才华，也特别感谢张新媛博士提出了很好的意见。

赵军

2022年11月9日

中国科学院国家空间科学中心研究员，管理学博士，长期从事创新和战略研究工作，具有丰富的创新管理和领导实践经历，研究领域主要为科技体制、高层次人才政策、科学传播、技术转移转化以及创新思维与方法。主持多个重要研究课题，公开发表30余篇高水平SCI和核心期刊学术论文，正式出版《创造力危机》《走出思维泥潭》《像天才一样思考》《生源能源产业生态系统研究》等7部著作，作品受到广泛好评，获"全国优秀科普作品""中国科学院优秀科普图书"等多项荣誉。

致谢

这是我在世哲（SAGE）出版社出版的第三本书。能在世哲出版社为我的作品找到一个家，我非常高兴和感激，尤其要感激本书编辑杰·西曼（Jai Seaman）、助理编辑夏洛特·布什（Charlotte Bush）以及伊恩·安特克利夫（Ian Antcliff）和肖恩·默斯尔（Shaun Mercier）制作团队对我的鼓励和专业知识支持，是他们让这本书成为现实。

这些年来，世哲的很多人都给予我极大的支持，包括米拉·斯蒂尔（Mila Steele，委托我写了第一本关于批判性思维的书）、凯瑟琳·斯林（Catherine Slinn）、艾米·斯帕罗（Amy Sparrow）、玛莎·塞奇威克（Martha Sedgwick）、凯蒂·梅茨勒（Katie Metzler）、马克·卡瓦纳（Mark Kavanagh）、凯瑟琳·瑞安（Katherine Ryan），还有其他我无法忽视的人。在这段不寻常的日子里，齐亚德·马拉尔（Ziyad

Marar）和蒂莫·汉内 (Timo Hannay) 同样给了我灵感、支持和友谊，他们是这本书最早和最慷慨的读者。

对任何一位作家来说，作品被仔细地阅读都是极大的荣幸，让我感到这份荣幸的还有罗伯·波因顿 (Rob Poynton)。他不仅为我提供了修改文本的建议，还把我介绍给了其他早期读者：克拉丽莎·多瓦尔 (Clarisa Doval)、简纳·西姆斯 (Janeena Sims)、吉利安·科尔霍恩 (Gillian Colhoun) 和亚历克斯·卡拉比 (Alex Carabi)，我对他们表示由衷的感谢。

最后，感谢我的妻子卡特 (Cat) 以及我的孩子托比 (Toby) 和克莱奥 (Clio)，你们一直是并将永远是我的世界中最重要和最珍贵的部分。谢谢你们为我所做的一切。再次感谢你们。

认识作者

嗨，我是汤姆。这就是我——正坐在我花园小屋里的书桌前，我就是在那儿写的这本书。很少会有书以自我介绍开始，但我感觉在这本书里很合适。这是一本关于思考的书，而思考总是来自某个人、某个地方：就我而言，思考来自一名39岁的英国男子，他在2020年的春夏之交一边工作一边照顾孩子。

我是一名作家，也是一名技术哲学家，我倾向于根据不同的提问者给出不同的答案。自2010年以来，我已经有6本非虚构类书籍出版，主题包括电子游戏、技术和语言。从2017年开始，我也一直在为世哲出版社编写关于批判性思维的教科书并设计在线课程，自2005年在牛津大学完成博士学位以来，我一直对批判性思维这个课题非常感兴趣。

你可能已经猜到了，我生活幸福，享有"特权"，其中最大的"特权"之一是我有机会反思21世纪的学习和思考过程，并试图围绕这个主题创造有用且可获得的资源。我对高效的思考尤其感兴趣，它不仅需要推理、钻研和自律，还需要我们尽可能地诚实、谦逊和善良。

因此，本书不仅包含帮助你成为一个更自信的思考者和学习者的策略和技能，还包含建设性地处理质疑和不确定性的技巧，其中有很多是我对自身成长的不确定性和局限性的探索。

这本书不能提供答案，但我希望它能为你指明一条更实际、更珍贵的道路：

你可以自己提出问题。

়
如何使用此书

最重要的是，我希望这本书是有趣易读的：你将能够从头开始，在本书的想法、论点和建议中遵循一个清晰的脉络。

我也希望你能经常停下来质疑我的观点并提出自己的解读，我试图以定期反思与练习的形式将这个步骤融入本书的结构里。书中还有以要点形式列出的关键概念，每章后的总结中包含如何将书中想法付诸实践的建议。

所有这些提示都是你巩固理解的机会，让你有机会考虑如何将你的阅读与书本之外的世界相联系：暂停一会吧，看看片刻的思考会将你带向何方。但不要把这种暂停当作一种放纵。我相信，要进行丰富、成功的学习和自我发展，暂停是最需要养成的基本习惯之一。正如作家罗伯特·波因顿(Robert Poynton)在他2019年出版的《暂停一下》(Do/Pause)中所说：

> 暂停下来的时候，你可以质疑现有的行为方式，形成新的想法，或者只是欣赏现在的生活。可是，如果你不停下来观察自己，如何能探索你可能会

做什么或者你会成为什么样的人呢？[1]

你可能已经注意到了，这段引文的末尾有一个参考文献编号，链接到书末的注释和进一步的阅读资料，它们提供了我所引用资料的更多细节、评论和建议，可以帮助你从更广泛的视角探索每一章的主题。

本书的最后一章旨在帮助你巩固这一反思过程：回顾我所讲过的内容，你认为最有用的内容，以及你进一步的阅读和研究计划。读完最后一章，你还会发现我所说的"实现清晰思维的工具包"。它列出了十个关键概念，可以帮助你将学到的东西付诸实践，也方便你在之后浏览复习。

如上所述，我强烈建议你在阅读过程中

积极地回应：做注释、打字或写笔记，捕捉与你产生共鸣的问题，与他人辩论和讨论你的想法。不要理所当然地觉得我的话就是正确的。

我没有设计简化的案例研究，而是试图通过我有限的知识和经验，从正在发生的全球事件中筛选出真实的例子。在阅读时，你会对许多主题产生自己的看法，会比我在写这本书时对其中的一些了解得更深。检验和探索你获得的知识，并为之庆祝，要诚实地说出某些结果在多大程度上是可预测的或不可预测的。要一丝不苟地剖析我遗漏或出错的地方。

最重要的是，要不断问自己，在复杂的情况面前，坚持严谨意味着什么，并把诚实的怀疑作为你学习的核心。

0

引言:
对思考进行思考

元认知和对世界的理解

2020年3月26日，星期四。在新冠疫情大流行期间，我坐在家里的办公桌前，写下了这些文字。这是一个极度恐慌、充满了不确定性的时期，但我是幸运的：到目前为止，我和家人都很健康，而且能够在家里进行自我隔离。我的家在伦敦30英里外的一个小镇边上。我和妻子的大部分精力都用在照顾我们的两个孩子、计划食物和配送以及试着继续尽我们所能地在家里开展工作。鉴于我的主要职业是写作，我是更加幸运的，因为写作几乎可以在任何地方进行。

但我发现很难集中注意力。英国正处于封锁状态，学校和托儿所都关闭了。过去两周，我见到的人只有和我住在一起的直系亲属。我的日常生活被彻底打乱了，而且看不到尽头。世界卫生组织（WHO）网站上的信息显示，截至昨天（3月25日）晚上，全球已经有416686例新冠肺炎确诊病例，18589例确诊死亡病例。无论将来事态如何发展，我都很难想象这一时期过去以后，重读这些文字会是什么感觉。但我知道，再次体验到我和世界上其他人目前所面临的如此严重的不确定性将会很难。

生而为人，就会经历两种不同时间类型的体验的不断拉扯：一种是我们对这个世界时时刻刻的体验，另一种是我们记忆中的、并被分解成种种模式的体验。正如哲学家索伦·克尔凯郭尔 (Søren Kierkegaard) 1843 年在日记中写的那样："哲学家们认为向后看才能理解生活，这完全正确。但是他们忘了，生活必须不断向前。"[2] 在这特殊的时刻，感觉每天的生活与我和其他人对这些事件的理解方式相差甚远。

然而，这只是对真理的一种极端描述。人类的理解总是既暂时又迟缓。许多现在看来很明显的事情，在当时却并不明显，因为我们在回顾过去时所体验到的清晰，完全不同于围绕着当下生活的不确定性的阴霾。这个世界远比我们所能讲述的任何故事都要更复杂、更神秘、更难以预测。我们把事情整合成因果清晰的故事的能力，是一种既惊人又危险的才能。

大多数情况下，作为成年人，我们进行这种整合和合理解释时毫不费力，就像呼吸一样自然。然而，我们理解世界的方式体现了一系列交叠的能力：如果我们希望提高理解的有效性和准确性，就需要进行终身实践和审视。换句话说，为了提升思考能力，我们必须花时间来对思考本身进行思考：这个过程被称为元认知。

我把这本书叫作《清晰思考》——确实，这个名字既不谦虚，又稍显奇怪。思考是你一直在做的事情，而且会一直做下去。然而，你可能还没有做的是探索这样的主题：

- 好好思考意味着什么。
- 知识和理解的本质。
- 人们试图解释事物为什么是这样的推理过程。
- 未来可能发生什么。
- 围绕在你身边的错误、困惑和误解的潜在来源。
- 批判性、创造性、调查性和协作性思维的特殊模式,这些模式可以帮助你获得更严谨、更不易被误导的理解能力。

本书接下来的内容提供了一些指导、想法和实践,以帮助你审视和发展这些能力,让你更有把握地把控你的研究、学习和自我反思过程。

共同思考

人类并不是唯一一会思考的动物,其他许多物种也能思考,但我们的群体思维能力和文化思维能力是独一无二的。通过语言和各种人工制品,我们能够记录并分享我们对内心世界和共同存在的世界的观察结果,还能将其转化成具有惊人解释力和分析力的体系。

但这样做充满了不确定性,而我们又经常忽视这些不确定性。就在我写下这些字的时候,全球新冠肺炎确诊病例数量正呈指数增长。接下来会发生什么？确诊病例数与实际感染人数之间的关系是什么？检测的准确性如何？事情会变得多糟糕？反思框0.1中的问题可供思考。

反思框0.1

- 假设你自己经历了这场新冠疫情，在它刚开始时你感觉如何？
- 2020年3月，当我写到这里时，如果你能给我一条建议，你会说什么？
- 你认为在危机时期，人们的思考过程中什么变化最大、什么变化最小？

我可以向你保证，这些不是我随意编造的。到目前为止，你在这本书中读到的所有内容都是我在2020年3月26日星期四写的。在我写下这句话的时候，我的孩子们正在外面花园的阳光下玩耍，丝毫没有意识到这场正在发生的危机。他们一个4岁、一个6岁，而我和妻子所面临的挑战之一就是，如何用他们能够理解的方式解释正在发生的事情。

这是每个教师和家长都会经常面对的挑战：帮助孩子(特别是幼儿)有效地思考，意味着什么？你要如何帮助他们理解他们直接经验之外的复杂事件？怎样才能帮助他们准备好面对这个世界？

一旦你开始向一个小孩解释某件事(可以说几乎是任何事)，你就会发现，很多你在与成人交谈时认为理所当然的事情并不能被孩子所理解。一个聪明的6岁孩子可能很了解恐龙、外太空或宝可梦，但可能完全不了解什么是工作、挣钱、付房租或担心失去工作而付不起房租。他们怎么会知道呢？即使这些事情对他们产生了影响，孩子对"有工作"的理解和成年人也并不相同。

在某种程度上，这也适用于来自不同背景或不同年代的成年人。试想一下，如果被送回20世纪70年代，你试图解释某件事，例如优步(Uber)司机的工作。你如何才能让那些来自没有智能手机、GPS以及互联网的时代的人理解21世纪20年代？或者，问一个更实际和紧迫的问题：在当今社会，对来自不同背景的人来说，真正地相互理解意味着什么？

我最近听到许多评论人士称这种大流行病是一种"伟大的平等"，因为病毒不知道也不关心人们的肤色、国籍和有多富有。虽然并无恶意，但这种说法显然是错误的。

与感染其他疾病一样,一个人在感染新冠病毒后,他的不适程度会受到年龄、财富和种族等因素的影响——更不用说他们会不会一开始就被感染,以及会受社会动荡怎样的影响。在封城期间,拥有大房子和花园的家庭与住在一居室公寓里的单亲家长正过着截然不同的生活。那些享有优质医疗服务的人和那些享受不到的人也会有完全不同的经历。那些工作不稳定、储蓄很少的人比那些有稳定工作和储蓄较多的人更容易受到影响。以上这些现象涵盖了社会不平等的各个方面。[3]

同理心和专注能帮助我们领会到这些差异的本质。然而,尤其是在面临压力和不确定性的时候,几乎所有人都倾向于看重自己的观点,而不是观点本身的价值。心理学家称之为可得性偏差,它所描述的东西非常浅显,以至于其重要性很容易被忽视。除非我们多留心我们的知识和经验的局限性,否则我们的思维往往会被最容易和最清晰地出现在脑海中的东西所支配,不管它多么不具代表性。[4] 跨越这一鸿沟(它横亘在我们自己和他人的观点之间,在我们的所知与所不知之间)是一场持续的斗争。

这就是为什么即使很小的孩子也能在数学或国际象棋方面表现出色,却不太可能写出伟大的小说。向孩子们解释象棋规则很容易,他们也能很容易就迅速积累下棋经验；但对一个孩子来说，要理解成人世界的错综复杂却非常困难。同样，对于一个成年人来说，要理解他们对习以为常的事情的体验与其他人的并不一致也同样困难，这些事情既包括家庭、工作、家人，也包括他们的健康、种族、身份。我还没有提及语言和观点中内含的深层分歧。称某人为"自由主义者"是一种侮辱、一种赞美，还是一种中立的评论？这完全取决于是谁说的，以及在哪里、什么时候、对谁说的。

这在一定程度上解释了为什么游戏、对话和故事是非常重要的教学形式。它们为学习者创造了一种方式，让他们能够充满想象力、更加智慧地进入他人的经历，并理解其强度、多样性和复杂性。正如作家安妮特·西蒙斯（Annette Simmons）在她2000年出版的《故事思维》（*The Story Factor*）一书中所说：

> 以大写字母"T"开头的真理（Truth）包含很多个层面。像正义或正直这样的真理太过复杂，无法用单一的法律、统计数据或事实来表示。事实需要有时间、人物和地点这样的背景才能成为真理。一个故事囊括了时间和人物，短则几分钟，长则几代人，它讲述一件事或一系列事件，其中包括人物、行动

和结果……故事可以承载复杂的冲突和矛盾。[5]

事实、统计数据和实证研究具有重要意义,而那些让它们变得生动起来的叙事技巧和现实后果同样意义重大,在什么事情重要、为什么重要和应该做什么上,能将它们塑造成颇具竞争性的主张。反思框0.2中还有一些问题正等着你思考。

反思框0.2

- 如果你必须在家里教育一个六岁的孩子,你会优先考虑什么?为什么?
- 你会如何向一个六岁的孩子解释大流行病的概念?
- 你会如何比较两个人对同一件事的截然不同的经历?

找到并填补你的无知

面对上述复杂情况,我们能做的最有用的事情之一就是努力去更好地理解我们无知的本质。

尽管我们可能会忘记（或者不愿意承认），但在理解世界这件事上，我们都有点像孩子。我们的知识并没有多到能够不假思索地回答那些宏大的问题。我正忙着写一本名为《清晰思考》的书，但这并不意味着我对病毒性大流行病了如指掌，也不意味着我对在家教育6岁儿子的实际职责了解得一清二楚。但我掌握了一个策略可以减少我的无知。以教育我的儿子为例，其步骤大致是这样的：

- 尽可能明确我试图要回答的核心问题（大流行病期间，在家里教育我儿子的最佳方式是什么？）。

- 花些时间探索这个问题以便发现我还需要解决哪些问题（从幸福感和实用性的角度来看，什么对我、我的儿子和我的家庭最有效？我们应该优先考虑什么？为什么？什么会有帮助？）。

- 从能够提供帮助的资料和人员（学校、其他家长、高质量的网站、教科书）那里，寻求一些好的课程内容和建议。

- 根据事态的进展情况，不断评估和重新审视上述所有的内容。

最重要的是，我需要把那些我甚至没有意识到自己不知道的事情（我的"未知的未知事件"）变成我还不知道，但已经意识到自己需要弄清楚的事情（我的"已知的未知事件"）。

这种方法让我确实知道了最重要的两件事是：

- 我的无知的本质。

● 填补这种无知的可靠方法。

这听起来可能十分浅显,不值一提,但所有的学习都需要承认和探索无知。如果你确信自己已经达到了全知的境界,那么从定义上说,你就丧失了学习的能力。6岁的孩子有时会陷入这种困境,一些60岁的老人也是如此。

说到本书的书名,也就是"清晰思考",它会给我们带来什么?最重要的是,我相信这个问题能让我们携手共进。我们都可能被困在自己的生活和经历中,但我们所共享的世界是一个只有通过共同努力才能被理解的世界。因为个人生活的方方面面在某种程度上是由他们与世界(以及这个世界上的人、制度和社会)的互动所决定的,所以如果一个人不了解这个共同环境,就无法了解自己。

要想把世界看得更清楚,就要不断地认识到自己认知的有限性,并谨慎检验那些自认为知道的东西,因为归根结底,人类所有的知识都是暂时的。这种怀疑态度听起来可能很消极,甚至让人感到无力,但事实上,它是科学方法的基础,人们正是通过这种方法共同构建了宏伟的解释和理解的大厦,并根据新知识对这些大厦进行调整或拆除(想想看,在过去的1000年里,人类对自己在宇宙中所处位置的认识发生了多大的变化)。

与一些科学理性战胜非理性的英雄式描述相反,我将在本书的大部分内容中关注人类理性和理解力的局限性,以及内省能力和一些经常被视为非理性的能力的重要性，这些非理性的能力包括我们的情感、创造力、同理心以及我们的同情心和好奇心。

与此同时，我希望你能花时间不断审视自己的学习需求、兴趣、习惯和弱点，以及你希望培养的才能。本章最后的一些问题在反思框0.3中。

反思框0.3

- 你希望从这本书中得到什么？
- 你认为自己最好和最坏的思维习惯是什么？
- 此时此刻，有效思考对你来说意味着什么？

总结和建议

◉ 如果你想提高自己,就需要花时间积极反思自己的思考过程。这种对于思考的思考被称为元认知。

◉ 尽可能坦诚地面对自己的局限性。不要养成不懂装懂的坏习惯。

◉ 为了学习,你需要密切关注自己在知识、经验和专长方面的缺漏,以及为了弥补这些缺漏,你需要弄清楚的东西(以及你应该听取谁的意见)。

◉ 要把这个世界看得更清楚意味着要谨慎检验你自认为知道的东西,并准备好根据新知识改变你的想法。

◉ 无论你多么坚定地相信某件事,都要随时准备好对其进行诚实的审视。

1

注意力和反思：
养成更好的思维习惯

怀疑、习惯和启发式思维

1910年，美国哲学家和教育家约翰·杜威（John Dewey）出版了一本书，书名是《我们如何思考》（How We Think）。它既是批判性思维这门学科的基础教材，也是对思考过程的敏锐探索——其核心是怀疑。

具体来说，杜威对这样一个事实充满兴趣：认真思考是一件费力甚至是痛苦的事情，而且它总是伴随着冲突——对确定性的渴望（以及由此而引发的对清晰的行动和信念的渴望）和对与知识探究相关的系统性判断停滞之间的冲突。正如他所说的：

> 反思性思维总是或多或少有些麻烦，因为它需要克服一种惯性，这种惯性让人们倾向于在接受建议时只看表面，它还需要人们愿意忍受精神上的不安和困扰。简而言之，反思性思维意味着在进一步探究的过程中暂停自己的判断；而这种暂停可能会有些痛苦……保持怀疑的状态，并进行系统的、持续的探究——这些都是思考的基本要素。[6]

杜威在一百多年前写下了这段话，但他的观察结果与许多近期相关研究的结果相吻合，这些研究的结果认为大脑会将努力思考带来的"不安和烦扰"最小化，并解释了这种精神工作的守恒会在多大程度上影响我们的日常生活、在多大程度上与我们众多潜在的困惑相关。

想想你早上起床时会做什么。你可能有也可能没有一套严格的流程需要执行，但你几乎肯定会按某种顺序去做一些事，如洗漱、穿衣、吃饭和喝水；而且，你在做这些事情的时候也不会停下来进行深入思考。这是很正常的。如果这些日常事务占用了你大量的时间和精力，那么对你来说，走出家门都将会很困难。

你也不太可能把早上的大部分时间都花在思考深刻的问题上——这也是正常的。因为从进化的角度来看，人类独特的分析才能使用起来耗能巨大，必须小心和有选择地使用。对任何人来说，进行系统而持久的探究都不容易。我们的时间、注意力和意志力都是稀缺资源，所以我们每时每刻都要依靠本能、情感、启发式思维和习惯来引导我们。

本能和情感是我们生存的"原始生化基础"：当突

然听见表明有危险的噪声时，我们的肾上腺素会激增；人与人之间充满爱的接触会生成催产素；学习和约会时，我们会释放多巴胺；我们会感到饥饿、口渴和疲倦；我们对快乐的追求和对痛苦的回避。

启发式思维描述了我们在大多数日常判断中所依赖的心理"经验法则"，它与我们的本能和情感交织在一起。这种情况下，我们的大脑不会根据一系列的规则办事；相反，我们会依赖熟悉程度、邻近程度和环境等因素来高效地做出看似安全、明智的决定。当我们在一个陌生的环境中选择吃什么时，我们很可能会选择那些看起来很熟悉、很有吸引力的东西。在决定信任谁或什么东西时，我们可能会选择与安全性和可靠性相关的人或事物。从生存的角度来看，所有这一切很有意义，但在21世纪的文明背景下，却有很大的犯错和被操纵的可能性。例如，大多数形式的广告和政治竞选活动都试图利用这种启发式思维。

最后，我们的习惯描述的是我们经常做的事情，随着时间的推移，几乎已经不需要再对它们进行有意识的关注。只要经过足够多的练习，几乎任何事情都可以成为习惯。套用古希腊哲学家亚里士多德（Aristotle）的说法，那些你最常做的事情造就了你——这就是为什么定期检查你的习惯是改善思维基础的最有用方法之一。[7]

仔细思考反思框1.1中的问题。

反思框1.1

● 你在什么时候和什么地方能最好地进行反思性思考?

● 一天中的什么时间、哪些地点和习惯有助于你集中注意力?

● 当涉及创造性思维和合作性思维时,你的倾向是什么?

如上所述,思考既是精神上的活动,也是身体上的活动:它受到我们所处的空间、我们所遵循的惯例和我们所结交的朋友的影响。也就是说,如果我们想处理好这些塑造思考的条件,就必须对其进行审视并加以改进。以下问题值得你问问自己。

● 你的时间和注意力是稀缺、宝贵的资源。明智地使用它们对你来说意味着什么?更好地控制它们对你来说意味着什么?

● 审视你的习惯是一种实用的方法。你习惯做什么来帮助你达到最佳状态或集中注意力？你希望改掉的一个习惯是什么？

- 每个人进行有效思考所需的时间类型和时间结构是不一样的。你如何最大化地利用不同的空间、活动和环境？
- 休息和娱乐对注意力的再次集中和工作的重新投入很重要。什么能让你头脑清醒，什么会让你走神？

也许最重要的是，我们需要记住——只要我们能够提升阐释和控制我们的情感、本能和启发式思维的能力，它们就能表现出丰富的理解、评估和指导形式。它们会让我们容易被操纵和迷惑，但它们也是我们存在的基础。只有承认并反思它们，我们才有希望走上一条有意识的自我发展之路。

将建设性怀疑付诸实践

杜威对"怀疑"一词的强调似乎过于消极，但建设性地怀疑某件事与简单地蔑视一切或声称真理根本不存在之类的做法是完全不同的。

一些观点（分别被称作犬儒主义和极端相对主义）只不过是在逃避创造知识和检验知识。与它们不同的是，建设性的怀疑涉及你的知识或理解的局限性，需要你尽力消除它们。这需要我们培养有用的思维习惯：

- 注意力：建设性怀疑需要三思而后行。建设性地怀疑某件事就是不要视其为理所当然。
- 好奇心：建设性怀疑意味着一定程度的好奇心和对新观念的开放心态。如果你冷漠、无动于衷、愤怒或恐惧，就不太可能停下来进行建设性的审视。
- 同理心：建设性怀疑就是要相信所有人，不管是你自己还是其他人，都有可能犯错，这可以使你感同身受地理解其他人的观点。
- 特异性：建设性怀疑应该是有特定对象的，而不是普遍的。它总是与某些事情有关。要想有效地解决怀疑，就需要研究如何在一开始获得某个主题的可靠知识。

请仔细思考反思框1.2中的问题。

反思框1.2

- 在上面列出的习惯中，哪个对你来说最有用？
- 为什么它对你最有用？

● 把它付诸实践对你来说可能意味着什么?

　　认真且持续的思考是非常宝贵的,尤其是在危机时期,它能帮助我们避免走捷径或者逃避思考。相较于一厢情愿地将事物简单化,它有助于我们对正在发生的事情有充分的理解;而这种理解只能通过集体的、渐进的方式来建立。换句话说,正是这种承认和接受不确定性的行为,让我们能够有条不紊地减少这种不确定性。

　　因此,在这本书中,我写了很多正在发生的事件。教科书容易过于简单化,这种倾向是很危险的。我们轻而易举就能举出一些例子让自己想要证明的东西看起来不言而喻。即使是谨慎的怀疑,也可以听起来像是一个简单的解决方案:任何明智的人都可以在必要时运用这一原则。

　　然而,当看到同一个人在不同环境中有着大相径庭的行为时(包括我自己),我都会对我们的行为受环境影响的程度感到不安。我们是习惯和环境的产物:我们的意识和洞察力受到生理、社会和机会因素的限制。

　　在这些限制条件下,清晰、有效的思考是什么样子的?我认为,最重要的是,它在一开始会对我们所处的环境进行仔细审视,包括:我们所遵循的惯例和共有假设；我们所使用的工具及其预设值和偏差；我们的物理环境、人际关系和社区环境；我们的身体和精神状态。

这样的审视并不仅仅是指理智驾驭本能。正如我之前所强调的，我们的情感、直觉和启发式思维是一套高度进化的产物——正是在这段历史中，我们可以清楚地认识到它们的优点和局限性。一般来说，情绪和启发式思维在这些情况下最为可靠：

⦁ 与我们人类十几万年以来一直处理的情况类似，即我们可以独立地进行可靠评估的信息量是有限的（我认识这个人，感觉他有一些事情没有告诉我）。

⦁ 我们可以利用我们在实践基础上发展起来的个人专业技能和洞察力（我做了15年的消防员，我强烈感觉到这场火灾有一些危险和不同寻常的地方）。

我们的直觉在这些情况下和类似的许多创造性工作中是有效的，它们是先天的和后天习得的专业知识的结合。而且，当我们面对这些情况时，过度思考可能并没有用。相比之下，仅仅是某些要素发生了转变，情绪和启发式思维就可能会导致我们出错：

⦁ 在人类进化历程中，从未出现过这种情况，它向我们提供了过多的或不可靠的信息，导致我们无法独立地进行评估（很多人在社交媒体上散布谣言，让我对政府感到不信任）。

● 我们缺乏相关的技能和经验，或者遇到的情况过于复杂和不确定，以至于我们无法形成可靠的判断（我并不是医生，但我开始对6个月后大流行病的情况感到有点乐观了！）。

尽管在面对这样的情况时，我们会感到特别兴奋，但我们最好暂停一下（哪怕只是片刻）并寻求外部的帮助，比如别人的意见、可靠的外部信息或新的问题框架。

时间、注意力和技术

日常生活需求和利于认真思考的条件，在这两者之间取得平衡一直是（而且可能将永远是）很困难的。尤其21世纪的技术还带来了新的挑战。

我们的时代是一个信息泛滥的时代。与这些信息打交道时，我们的许多习惯都依赖于我们所用系统的设计，而不是依赖于人类理解力。特别要注意的是，信息技术给有效思考带来的巨大挑战之一是它可能将我们所有的时间都扁平化到同一件事上：持续地半专注于相同的应用程序和界面，不断地积累未经检验的习惯。

此刻，正坐在书房里打字的我就意识到了这一点。现在刚过正午，很快我就会停下来吃午饭，喝（大量）咖啡。整个上午我都坐在书桌前写作。或者更确切地说，我一直坐在书桌前一边努力写作，一边与分心和其他念头做斗争。

与我经常给别人的一条建议相反，我也相当频繁地查看社交媒体，也许是因为我对世界的现状感到不安。情绪和本能很难被搁置在一旁不管不顾。现在是2020年5月1日，根据世界卫生组织的有关数据，全球有310万新冠肺炎确诊病例，其中有超过22.1万例死亡。人们很难忽视这样每天都在变动的统计数据，一部分是因为它们十分重要，特别容易吸引人的注意力；另一部分是因为这些信息不停地在网络上流动，以及这些信息共享平台精心设计的商业模式的作用。

简单来说，很多信息共享平台的商业模式都是在把用户的注意力转化为运营商的收入。为了完成这种转化，平台会收集尽可能多的数据，包括图片、视频、评论、表达偏好、互动和其他个人信息，然后以这些数据为基础向付费客户出售广告和服务。

你如何让数十亿人花上一小时又一小时来阅读此类数据，并成为欲罢不能的读者？最重要的是，你要挖掘他们最强烈的感受和最下意识的判断。

但对于许多人而言，他们的某种特殊感觉比什么都重要，对其余细节的评估则是基于它们与这种感觉的匹配程度。这种在不确定的情况下对快速的情绪反应的依赖有时被称为情感启发式思维[8]，而多种因素的结合使其在数字环境中特别有效：

- 带着怀疑和批判的思维参与既耗时又费力，但网络环境充斥着许多会引发快速反应的有影响力的内容，那些需要更多思考的内容因此被挤出大家的视野。
- 在海量信息面前，很容易找到"证据"来支持你想要相信的任何事情。同样，也很难详细地审查任何一种说法。
- 所有这些挑战都因社会不确定性、紧迫性和威胁而放大，同时也给一些人提供了蓄意利用和操纵它们的机会。

这表明，对于那些希望以最低限度的审视或最低的忠于现实的程度来调动人们的激情、行动和反应的人来说，网络环境就像天堂。

然而，这只是一个令人痛苦的悖论的一小部分。一方面，错误信息和虚假信息的浪潮威胁着一切，从选举合法性到对紧急事件的有效应对（虚假信息是旨在欺骗别人的不准确信息，错误信息是指可能有意或无意欺骗的不准确信息）。另一方面，我们现在所掌握的知识和分析能力在半个世纪前看来是不可思议的。这个世界从未像现在一样充斥着如此多质量参差不齐的信息，也从未有如此多的人一起努力去理解这些信息。机遇和风险都高得令人眩晕。这到底是怎么回事？

最重要的因素，也许杜威在一个世纪前就已有所阐述：我们都容易受到怀疑和确定之间存在的心理不对称的影响。要了解这在实际情况中是如何发挥作用的，请想象一下社交媒体上存在这样两种说法：第一种表达了高度的怀疑和谨慎，第二种给出了令人震惊的数据和确定的观点。现在回答反思框1.3中的问题。

反思框1.3

- 哪种说法更容易引起注意并被人分享：谨慎的还是令人震惊的？
- 为什么会这样？
- 如果可能的话，怎么样改变这种状况？

很明显，一个观点越引人注目、越情绪化，就越有可能在网上被分享，从而引发同样强烈的反应。而最不容易传播的观点之一是："我不是很清楚该怎么想……"

你有什么想法来应对这种状况？针对近期出现的大

规模操纵用户的现象，推特和脸书等公司已开始在自己的平台上引入事实核查环节，试图减缓危险谣言（dangerous untruths）的传播。然而，除了判断危险谣言很困难（还容易引发争议）之外，谨慎的评论要想与夺人眼球的论断竞争也是很难的。

在这一大流行病早期，研究人员试图预测情况会变得多么糟糕。在讨论未来的情况时，他们表现出了适当的谨慎，这当然是非常必要的。然而，正如传染病研究人员亚当·库查尔斯基（Adam Kucharski）在4月下旬所指出的那样，这样做的后果之一是创造了一种"信心真空"（vacuum for confidence）——那些愿意表达坚定观点的人现在有机会填补这个因不确定言论而出现的心理空白。结果呢？媒体对任何看似清晰明确的事物都有着极大的偏好。[9]

这就是怀疑的不可取性问题。在危机时刻，怀疑会被社会视为不可接受的，甚至是背信弃义的。专家、政治家和领导人应该表现的是与之相反的态度。政府是应该暂时关闭边境并下令封锁，还是考虑长期封锁？对于专家、政治家和领导人来说，表示怀疑（更不用说承认过去的错误或承认当前的不确定性之严重了），往好了说是没有用的，往坏了说其后果无法想象。

正如你所想的，我相信那些不排斥谨慎的审视、公开和自我纠正的回应最能帮助我们。威胁越复杂，对这些复杂性及其潜在连锁后果的警惕就越紧迫。一场大流行病并不在乎人们为它讲述的故事，地球的气候也不会因为充满意识形态的断言而改变。从长远来看，否认现实对我们人类来说并不是一个好策略。

当我写下这些话的时候，这个世界充满了前所未有的、极具破坏性的确定性：愤怒、恐惧和自以为是的人确定要相信那些反对他们的人的最坏的一面；那些本该思路清晰的人坚称了解真相要靠特别的途径。反对这种势力不仅仅需要谨慎。有时，明确的不公正需要被纠正，损失需要得到补偿，需求应该得到满足。有时，面对不确定性最理性、最明智的反应是果断的、预防性的行动。但是，通往清晰明确的道路本身很少是清晰明确的，而且对障碍视而不见很可能会导致人们迷失在这条道路上。

总结和建议

- 我们的时间、注意力和意志力是宝贵的、稀缺的资源，这就是为什么我们主要依靠本能、情绪、启发式思维和习惯来指导我们。

- 一般来说，当我们能够获得易管理的大量可靠信息，或在经验的基础上获得有意义的技能时，情绪和启发式思维最为有用。

- 相比之下，如果你面临大量不可靠的信息、高度复杂的情况，或者你对面临的情况没有经验，抑或你拥有的经验没有意义时，你应该停下来，尝试强化你的认知。

- 当我们的知识是不确定的或暂时的，重要的是要传达这种不确定性的本质，而不是表现出超出证据所能支持的自信程度。

◉ 接受怀疑主义和不确定性，并不意味着你需要将其他人的主张视为利己的（犬儒主义），也不需要你表现得好像真理并不存在（极端相对主义）。

◉ 通过建立对如何在特定领域获得知识以及如何检验和优化这些知识的兴趣来实践建设性的怀疑。

◉ 在缺乏经验或证据的情况下，如果你正在依赖自己的情绪，要试着注意到这一点。你要明确对你来说，培养对重要事项三思而后行的习惯意味着什么。

2

与文字打交道：
文本细读和清晰写作

清晰和精确之间的区别

想象一下:你要向一群9岁的孩子解释摩擦力,下面哪个例子更好?

● 汽车的轮胎会随着时间的推移而磨损,最终需要更换,因为轮胎和路面之间存在一种叫作摩擦力的力。

● 汽车的轮胎会随着时间的推移而磨损,最终需要更换,因为每次开车时,路面上的小凸起都会刮掉轮胎上的少量橡胶。

在我看来,第二个例子比第一个好,尽管它没有提到"摩擦力"这个词。为什么?因为虽然第一个例子看起来像是定义了一个科学概念,但只有第二个例子才能让孩子们真正听懂发生了什么。

第一个例子说,轮胎和路面之间存在"一种叫作摩擦力的力",从而引入"摩擦力"这样一个术语。我们一听到这个术语就感觉这是正规的课堂,在课堂上孩子们好像理解了这个术语。然而,对于这个叫作"摩擦力"的东西是如何工作的却并没有说明。就像说"汽车因为能量而移动"一样,引入一个表面上精确的术语,掩盖了没有解释的事实,孩子们只是被教导去死记硬背这些单词。相比之下,第二个例子详尽地说明了轮胎磨损的过程。

我引用了美国科学家理查德·费曼(Richard Feynman)的例子，他不仅凭借自己在基础物理学方面的成就获得了诺贝尔奖，还(有些出乎意料地)参与了加利福尼亚州的小学教科书的评选工作。费曼在清晰和错误的精确之间做了一个关键的区分：清晰是解释事物如何运作，错误的精确是指提供一个精确的术语来代替这种解释。[10]

费曼提出，检验一本教科书的最好方法之一，就是看学生在学习之后能否用自己的语言来解释它。我经常思考这个检验方法，尤其是在写这种书的时候。把事情表达清楚并不简单，但是找到自己语言的原则，努力用谨慎的、日常的语言说清楚正在发生的事情，会对学生和老师都产生很大的帮助。

让我们试一试。想象一下，你现在需要向一群9岁的孩子解释为什么重物被扔后会落到地上。

思考反思框2.1中的问题。

反思框2.1

- 你会如何向他们解释为什么东西被扔后会下落？

- 什么样的解释可能不够清楚或不够有效？
- 不同解释之间的主要区别是什么？

你是怎么想的？我倾向于从具体的事实开始："当我们把比空气更重的东西扔掉时，比如苹果，它会掉向地球。"然后，我会用一个更宏大的、较有深度的论点来说明这个问题："这让人觉得地球很特别，因为所有的东西都朝它掉下来。但唯一特别的就是地球比我们周围的任何东西都要大得多。"现在我可以介绍一个普遍原理："事实上，宇宙中每一个物体都吸引着其他物体，这种吸引力的强度与这些物体的质量直接相关。你掉落的东西也会吸引地球朝它靠近，但引力非常小。"

只有在说清楚这些之后，我才能最终引入重力的概念："我们称这种地球的引力为重力。与我们的引力相比，地球的引力绝对是巨大的，所以我们通常只能注意到地球的引力。但与太阳的引力相比，地球的引力很小，所以地球和其他行星都围绕太阳运转。"

你是怎么想的？你可能采取了一个截然不同的方法，但也没关系，重要的是要告诉孩子实际发生了什么，以及为什么会这样。这比教孩子重复"物体因为重力掉到地上"要有用得多。

错误的精确可能是一件坏事，但必要的精确不是坏事。所谓必要的精确，我指的是符合你的目的，并对你的受众有意义的精确。如果你是一位设计桥梁的工程师，那么精确的测量是非常必要的。如果你是一位数学家，在与同行的辩论中，你也需要使用高度专业的术语。

一些工程师和数学家可以解释自己的想法，这种解释比其他人能做到的清晰得多，而那些只会重复他们接受到的概念的人可能并不理解这些概念所属的领域，起码不像他们以为的那样彻底。哲学家约翰·塞尔（John Searle）在1983年出版的《意向性》（Intentionality）一书的序言中对这一原则进行了阐述："在提到风格和论述时，我只遵循一条简单的原则——如果你不能清楚地阐述一件事，那么你其实并不理解它。"

塞尔在这句话后面加上了一个限定条件，他指出，清晰有时会被误认为表达的观点太过明确，所以不需要特别关注："但是任何试图进行清晰的写作的人都承担着风险，就是他们的读者可能'理解'得太快。"[11]塞尔认为，无论一件事表达得多么清楚，想要沟通成功，仔细的阅读也是必不可少的。否则，它可能只是在最肤浅的意义上被"理解"。

我们可以通过两个原则来总结这一点，这两个原则是相互关联的：

- 作为写作者和沟通者，要想做到清晰表达，我们就需要以具体、谨慎的方式解释我们的想法，并试图预防潜在的误解、困惑和草率的误读。
- 作为读者和思考者，清晰既需要我们认真理解他人的想法，也需要用我们自己的语言重建他们的思维。

你可能已经注意到了，这两条建议并没有对阅读和写作，或者沟通和理解做太多区分；它抓住了语言核心的相互依赖性。

- 写作的质量取决于阅读的质量，尤其需要写作者站在读者角度认真阅读自己的作品，并反复阅读达到清晰表达。
- 理解他人的作品应该是一个积极的，甚至是创造性的过程，需要仔细地将他们的文字转化为你的理解。

让你的写作变得清晰

无论你的写作经验有多丰富，你都无法在初稿中就完全达到清晰的标准。达到清晰的过程是反复的，对我来说大概是这样：

1. 我会做计划、进行研究并记录笔记，勾勒我感兴趣的领域，直到我明确需要涵盖的领域。

2. 我认真地写作，试图预测读者感兴趣的地方和可能产生的困惑。

3. 我后退一步，带着批判性的眼光重新阅读我写下的内容，试着从读者的角度看待我的作品。我也可能会让其他人阅读我的作品，看看他们的想法。

4. 我重复以上过程，编辑、重复阅读，直到内容让我满意。

个人的优先级和偏好会影响这些步骤。另外，还有一些重要问题可以帮助我搞清楚自己的思路和风格：

● 我的思路是否清晰易懂，我是否需要改变叙述的顺序，或者详细阐明一些隐含的观点？

● 我的句子长度是否合理，意义是否明确？还是有些句子太长、太复杂或不清楚？

● 是不是几乎每个段落都包含了一个主旨？

● 我有没有对读者的知识储备要求过高：我是否需要提供更多的细节、信息或解释？

● 我所写的内容是理智、连贯、合理的，还是我做了没有证据的断言，夸大了事实，或者草率地得出了不合理的结论？

- 我写下的这些话的意思和我写的时候所想的一样，还是它们可能暗含了其他什么意思？
- 我的写作风格适合我的读者吗？
- 当我回头大声朗读自己写下的东西时（这是我知道的测试文字风格的最好的方法之一），它的语气是否合适？

我并不是每次都回答所有这些问题，但是它们确实对应着用心写作的一些原则，也表明了站在读者的角度思考是至关重要的。尝试练习一下反思框2.2中提出的问题。

反思框2.2

- 在你的写作中，你特别希望提升的部分是什么？你尤其关注什么？
- 我上面清单中的事项里，哪些对你最有用，或和你最息息相关？
- 如果自己列一份类似的清单，你可能会添加哪些额外的要点或提示？

来举个清晰写作过程的具体例子吧，看看你对下面这段话是如何理解的，在这段话中我提出了一些关于阅读的建议。

> 写作的质量取决于阅读的质量,但这并不意味着你只能读有价值或自我提升意义上的"好"书。高质量的阅读是指广泛、充满激情、不拘一格地阅读,并根据需要运用各种技能;这意味着要让自己接触到各种风格的语言,并尽量从中学习到高超地运用文字意味着什么。当我学习或研究时,我倾向于拿着笔阅读(拿笔是个比喻:现在我经常在笔记本电脑上做笔记、阅读电子书)。我有很多不同的阅读方式,不是所有方式都有极高的阅读质量;但在有需要的时候,我总是会关注作者到底想要表达什么,他们的文字是如何表达这件事的,以及我自己对这个过程是如何理解的。

你可能已经注意到了,这一段的语言很散漫。这是因为你刚刚读的是一份初稿,是文字原始的样子。我还没有以任何方式重新阅读和完善它们,所以它们不像它们可以达到或应该达到的那样清晰。我现在要重新阅读和编辑我写的东西。下面我把原文的每一句话都列出来了,后面跟着重新编辑的版本,以及我为什么要做这些修改。

写作的质量取决于阅读的质量，但这并不意味着你只能读有价值或自我提升意义上的"好"书。→好的写作需要好的阅读——但这并不意味着只读有价值或自我提升意义上的"好"书。

我把"取决于"换成了"需要"，因为用一个动词比三个字更简单、更有力。

　　高质量的阅读是指广泛、充满激情、不拘一格地阅读，并根据需要运用各种技能；这意味着要让自己接触到各种风格的语言，并尽量从中学习到高超地运用文字意味着什么。→高质量的阅读是指广泛、充满激情、不拘一格地阅读。这意味着让自己接触到各种风格的语言，并尽可能地从中学习。

我删去了"并根据需要运用各种技能"和"高超地运用文字的意义"，因为它们并没有增加太多内容价值。以"尽可能地从中学习"结尾，感觉更有力、更直接，就像去掉分号，创建两个更短、更直接的句子一样。

当我学习或研究时，我倾向于拿着笔阅读（拿着笔是个比喻：现在我经常在笔记本电脑上做笔记、阅读电子书）。→当学习或研究时，我会试图做注释，用自己的语言回应文本。

我删掉了"拿着笔阅读""在笔记本电脑上做笔记、阅读电子书"的内容。这些与我的重点无关，我的重点是做注释，而不是技术。

我有很多不同的阅读方式，不是所有方式都有极高的阅读质量；但在有需要的时候，我总是会关注作者到底想要表达什么，他们的语言是如何表达这件事的，以及我自己对这个过程是如何理解的。→我的阅读方式有很多：快速的、娱乐性的阅读；重温经典；为我的孩子们大声朗读；缓慢、舒适地阅读。真正重要的是我从文字中提取意义的能力：自信而愉快地使用文字的能力，并持续学习新的使用文字的方法。

我用两句话替换了初稿的最后一句，因为那句话太长了，而且可能让读者产生困惑。第一句引出了我阅读的不同方式：我具体说明了我阅读的其他方式，因为我认为这能增加阅读深度和阅读兴趣。第二句更充分地发展了我的结论。以下是该段的完整修订版：

> 好的写作需要好的阅读，但这并不意味着只读有价值或自我提升意义上的"好"书。高质量的阅读是指广泛、充满激情、不拘一格地阅读。这意味着让自己接触到各种风格的语言，并尽可能地从中学习。当我学习或研究时，我会试着做注释，用自己的语言回应文本。我的阅读方式有很多：快速的、娱乐性的阅读；重温经典；为我的孩子们大声朗读；缓慢、舒适地阅读。真正重要的是我从文字中提取意义的能力：自信而愉快地使用文字的能力，并持续学习新的使用文字的方法。

反思框2.3

● 你觉得我所做的调整有没有提高这一段话的清晰度和连贯性？

- 到目前为止,你觉得本书的风格如何?
- 如果你在写一本书,你会采用什么样的风格和语气?

我曾说过,达到清晰是一个反复的过程,这在很多方面都适用。重新阅读和重新写作不仅是为了更好地表达自己,这些事情本身也可能会改变你想表达的内容。

有时经历了反思之后,你可能会意识到:你对你要写的东西理解还不够充分,不能合理地表达你的主题;有一些重要或有趣的事情你还需要进一步了解;或者你最初的结论是经不起推敲或不完整的。事实上,许多优质的写作和思考都是认识的结果,也就是说,那些内心活动推动了你的理解更进一步。

同样,做到简单和简洁通常比大篇幅写作更困难。除非主题和读者明确要求,否则任何过长的篇幅和过分高的难度,都是作者没有用心或自我放纵的结果。

修辞、谬误和网络语言

对语言复杂性的解读是没有终点的,也不存在完全清晰、公正的描述。就像词语引发的思考和感觉的过程一样，词语也有不同层次的意义。要用好语言就意味着要深入研究这些复杂性，并尽可能地训练自己，以识别和减少语言的失真。这其中特别重要的两点是：

- 修辞，是一种说服的艺术——尤其是通过情感、语调和文体，而不是推理来说服。
- 谬误，给特定的观点提供合理的正当性——未按逻辑进行思考，或采用了错误的假设。

首先，就修辞而言，它可能产生误导，也可能不会，但它本质上并不是一件坏事。事实上，所有的写作和演讲形式在某种程度上都会使用到修辞。即使使用一种明显客观合理的语气，也是一种修辞。

因此，也许目前最好的方法是，将语言的情感和说服要素与其内容信息分开；将它们分开之后，你就可以实现在作品中主要通过推理来表达和说服，而不是通过喧嚷和释放情绪。举个例子，下面是一个具有高度修辞性的观点：

> 我同情那些可怜的傻瓜，他们无法用自己的语言来解释某件事情的含义：他们根本不知道自己在说什么！

你能找出这句话中的修辞成分吗?下面是找出修辞成分的过程:

1. 将比较中立的表述先放在一边(无法用自己的话解释某件事的含义的人,并没有真正理解这件事)。

2. 找到使用了修辞手法的情绪化表达,以及它是如何达到效果的("不知道自己在说什么"这样的修辞和生动的语气表明作者觉得自己高人一等,认为他批评的人是傻瓜,认为他的读者也应该这样觉得)。

这个例子中的修辞是一种咄咄逼人的断言,包含很强的优越感,其效果很可能适得其反。然而,这并不意味着其表达的观点本质上是没有价值的——这是将内容与修辞区分开来的重要原因之一。因为即使是以最愤怒或最恼人的方式表达出来的想法,本质上也可能是准确的;就像最干巴巴、听起来最科学的总结也可能非常不合理。[12]

与修辞相比,谬误从定义上来说指的是理由不充分。以下是我在本书中会讨论的谬误的几个例子:

感性论证,即误导读者,唤起他们对某一特定问题的强烈感受,仿佛这是决定性的证据。("我喜欢总统;他一定是在做对国家最有利的事情。")

自然、权威、传统、流行、简单(等)**论证**,在某些情况下有一定影响力的主张被错误地当作一般规则。("一百万人不可能错!""事情总是这样的!""老板永远是最清楚的。")

伪善论证,即以有其他更重要的问题需要讨论为由,否定一个观点。("疫情还在蔓延,讨论法律细节毫无意义……")

稻草人谬论,对别人的观点进行荒谬的讽刺,从而使其被否定。("实际上,她是在说,任何人都不应该因为任何罪行而受到惩罚。这很荒谬……")

阴谋论,认为某些"邪恶的人"不想让你知道终极隐藏真相,所有与此不相符的观点都是在掩盖真相。("比尔·盖茨在操纵着一切,你等着瞧吧。")

人身攻击,是指因为某人的身份,你不管他说了什么,都暗示他说的话是错误的,可以被驳斥。("她在医院工作,所以她说的关于医疗服务的任何话都不可信。")

不合逻辑的推论,即一个结论虽然被认为是合理的,但实际上不是从你的其他论点中得出的。("如果我有钱,我会快乐得多。所以我应该富有!")

假两难推理,两个互不相干的两难选择被故意呈现出来,暗示这是仅有的可能。("要么我们重新引入死刑,要么国家陷入无政府状态。这是个简单的选择。")

轶事证据,仅举一个例子,暗示它是对一般原则的决定性证明。("他们说吃垃圾食品会让你超重,但我的朋友加里吃很多汉堡还是很瘦,所以垃圾食品不可能对你有害。")

最重要的是,大多数谬误都对复杂情况进行了简化,这种化繁为简非常诱人。因此,它们往往利用人们想要理解事情的愿望,为困难的问题找到所谓明确或令人放心的解决办法,或通过提出这些办法来说服其他人。

反思框2.4

- 你见过这些谬误吗?可以举出例子吗?
- 我列出的这些谬误有什么共同点吗?
- 你还知道什么谬误或修辞手法可以加到我的列表上吗?

这些谬误和修辞的内容可能听起来很熟悉,因为在之前讨论网络文化的影响时,我就写过类似的内容。到目前为止,我一直在强调传统的阅读和写作形式——但是在网络上,在词汇不受约束的信息化时代洪流中,清晰和批判性地参与可能面临重要的当代挑战。

在线交流被认为是一种简便的对话形式:没有长篇大论,同时具有口头和书面交流的优缺点(还有许多独有的优点)。在屏幕上,文字具有前所未有的传播速度和自由,并与其他媒介融合，产生了各种可能性，包括：

- 互动和近乎瞬时的响应。
- 长期可搜索和共享的记录。
- 无数交叉引用、表述和误传的可能。

在互联网的文字、图像和思想洪流中，人们甚至很难记得，清晰表达也是有可能的。这么多被分享、说过和展示过的东西，其来源本来就不透明，或者是存在很多争议。然而，在虚假信息、操控和挑衅肆虐的同时，参与和分析的新模式和新词典正在出现，其中一些专门用来讽刺信息化谬误和滥用行为。

举一个例子，"海狮行为"(sealioning)指的是一种骚扰形式，某个人以"我只是想辩论一下"为借口，不停地要求受害者提供证据和推理。"海狮行为"从字面上看很有趣，实际上它的名字来源于2014年9月19日大卫·马尔基(David Malki)发表的网络漫画《奇妙印记》(Wondermark)，该漫画以两个19世纪的男人和一只海狮为主角。由于不同意其中一名男子说的话，海狮开始出现在该男子生活的每个角落，以看似真诚合理的态度不停地问问题，并拒绝停止打扰受害者。

"海狮行为"是一种策略，它让施暴者在面对问题时扮演受害者的角色(但我只是礼貌地要求你解释一下你的立场而已)：

一种伪装成辩论的攻击形式。网络上出现的理性和真诚，大部分都是这种形式，但实施"海狮行为"的人实际上没有任何真正学习或交流想法的兴趣。当然，网络上有无数的机会可以去学习或交流。但找到并抓住这些机会是很有挑战性的，不管是在情感上还是智力上，尤其是当你所"说"的任何话都可能被剥离出语境并被用来反驳你的时候。

也许在这方面我能提供的最好建议（尽管一条建议可能并不充分）是"沉默是金"——如果你希望掌控自己的思想，你就需要花点时间后退一步，远离这种旋涡。正如美国心理学家雪莉·特克 (Sherry Turkle) 在2015年出版的《重拾交谈》(Reclaiming Conversation) 一书中所说的：

> 只有当我们与自己的思想独处，而不是对外界刺激做出反应时，我们才会动用大脑中专门用于建立自我意识的那部分结构……当我们让思想游离时，我们就解放了大脑。[13]

如今，大多数人的身份认同和思想都深受网络上的交流和表现的影响，网络世界有无穷无尽的财富和机会。但是，正如特克所指出的那样，只有远离这些"刺激"（哪怕只是片刻），才能讲清楚我们实际知道的、相信的和希望说的话。

总结和建议

- 区分清晰和错误的精确是很重要的。试着用你自己的语言清楚地解释事情是如何运作的，而不是直接给出定义，没有任何解释。
- 写作的质量取决于阅读的质量——要提高写作质量，就要做一个认真的读者，尤其要认真、反复阅读自己的作品。
- 一般来说，实现清晰意味着删掉不必要的晦涩、歧义和冗余。
- 尽可能仔细地读一遍你写的内容，并预估读者是否会对你所写的内容感到困惑。大声朗读你的句子、将内容打印出来和做注释都会帮助你提高写作质量。
- 清晰的文字应该从一个想法到另一个想法有逻辑

地流畅递进。力求句子长度适中,每段有一个要点,明确说明相关信息和假设。

- 修辞是说服的艺术,它倾向于通过情感诉求来说服。它无处不在,本身没有好坏之分,但了解它的力量很重要。
- 通过用自己的语言阐明他人使用的修辞要点和要传达的观点,来学习他人的修辞手法。
- 谬误是指有缺陷的假设。人们提出这种假设,以合理化一个特定的主张或结论,但实际上谬误并不能证明它是合理的。
- 谬误往往通过简化事情和激发快速、强烈的反应发挥作用,这种简化看起来十分诱人。我们需要了解谬误的作用机制,以减少谬误的发生。
- 如果感到有疑问,就暂停一下。记住,你自己和别人的话都是可能被断章取义的。从旋涡中退后一步,掌控自己的思想。

3

假设的重要性：
审视话语里隐藏的内容

误解vs有意义的分歧

假设是那些我们认为理所当然的事情：尽管我们没有明确说明，但我们的思维会依赖它们。假设是非常重要的。事实上，正是共同假设的存在，才使得交流（以及其他许多事情）变得有可能。

当我写下这些话时，我会假设这些话对你和我的意义大致相同。如果我试图解释一个句子里的每一个单词，那不仅会让人厌烦，最终恐怕也会是徒劳无功的。因为我仍然需要用另一个词来解释我使用的词，用另一个观点来解释我的观点。如果没有共同假设，我们就失去了建立共识或有意义的分歧的基础。

虽然共识和有意义的分歧听起来像是对立的，但它们实际上就像同一枚硬币的两面。为什么这么说呢？思考一下，当两个人的假设截然不同时会发生什么呢？想象一下，我正在打电话帮助一个亲戚解决电脑问题，我告诉他："点击你屏幕右上方的按钮，有个小叉的那个。"他回答说："我的屏幕右上角没有按钮。""有啊！"我说。"不，没有！"他回答。终于，我意识到他以为我说的是实体按钮，比如一个开关，而我说的是屏幕上需要用鼠标点击的按钮。

在这个例子中，我和亲戚与其说是有分歧，不如说是存在根本性的误解。只有当我们认识到我们之间存在不相容的假设，并且设法搞清楚了这些假设是什么时，我们的对话才有意义。在搞清楚之前，我们只是在讨论完全不相关的两件事情。

像这样无伤大雅的误会每天都在发生，然而，有伤风雅的误会也会屡屡发生。再想象一下，我还是在打电话帮助一个亲戚，但这一次我们不是在讨论电脑的问题，而是我试图说服他接种新冠肺炎疫苗。他说："自然免疫比疫苗更好。疫苗是非自然的，它们有毒，会让免疫系统超负荷。我宁愿碰碰运气，相信自然免疫。""不！"我回答说，"疫苗的工作原理是引发完全自然的免疫反应！""瞎说！"他告诉我，"疫苗是政府和大型制药公司在实验室里生产的，它们不可信。"

这段对话中最重要的，首先是"自然"和"非自然"这两个词内含的几个假设。首先，我亲戚的假设认为"自然"的东西是好的，而"非自然"的东西是坏的。支撑这种观点的各种理由很明显："科学"并不总是正确的；一些传统的方法可能比创新的方法更有效；这种新疗法带来的风险可能尚未被完全发现；等等。但同样明显的是，这绝不意味着我们可以采取简单的好坏二分法。

如果因为所有人造的东西都是非自然的，从而认为其都是不好的，那么为什么我的亲戚穿衣服、戴眼镜，还住在人造的房子里？当他们面对完全自然（但令人不适）的症状时，难道他们不是通过服用大量的"非自然"药物，比如抗生素和扑热息痛来缓解的吗？就大多数人而言，从肺炎到骨折再到遗传性疾病，很多自然的疾病都会带来痛苦。而且人类建造房屋、穿衣服和研究药物的行为不是完全"自然"的吗？"自然"这个词看起来很简单，但当你试图解释它的时候，就会发现它解释起来很复杂。

接着是"自然免疫"这个短语，它也是看似简单但解释起来很复杂。人在感染疾病后确实可以自然产生免疫力，这是因为人的免疫系统正在试着对抗疾病。大多数疫苗的工作原理是让人接触灭活的致病微生物，从而让免疫系统能够"识别"疾病并获得免疫力，阻断感染。即使是与基因编程有关的创新技术，其原理也是"教会"免疫系统利用自身特点抵抗感染。不管是自然免疫还是注射疫苗，它们使人类获得免疫力的过程都是一样"自然"的。

从统计数据上看，人类确实可能会对疫苗接种产生不良反应、产生不适——历史上也有过疫苗临床试验不充分导致严重问题的例子。然而，即使我们考虑最坏的情况，由于接种疫苗而产生不适的人数也远远少于那些因未接种疫苗而患病，从而出现严重不适或死亡的人数。许多反对疫苗的人所引用的那些研究结论，例如声称疫苗接种会导致儿童产生自闭症的，已经被彻底推翻了。

我说这些想表达的是，如果不给自己或孩子接种疫苗，不仅会使你自己处于危险之中，还会给别人带来风险。如果你身体健康，你的免疫系统也许可以抵抗新冠肺炎这样的疾病，并赋予你一些自然免疫力。但你有可能把它传染给其他人（他们的免疫系统可能比你更脆弱），尤其如果你是无症状感染者的话。

因为某件事是自然的就认为它是好的，或者因为它非自然就觉得它是坏的，这就是（你在前一章的谬误列表中看到过）所谓的自然论证，其核心是不自洽的假设。这种假设认为，通过对某物的自然/非自然状态的论证，可以完美地回答某物是好是坏的问题。当涉及营养和健康时，这是一种常见的思维方式——在某些情况下也是有意义的。比如，这个例子就可以证明：我们人类几千年来一直培育的食物可能比新兴的食物更有营养、更安全。然而，这一观点一旦被过度概括和夸大，就会变成谬误，更不用说为了推广或宣传而被加以利用了。想想看，有多少食品和饮料公司吹嘘他们的产品是"100%纯天然"

或"不含人造甜味剂和防腐剂",仿佛这样就能保证产品的品质。

归根结底,要合理地解决某物（"好"或"不好"）的问题,就要谨慎地定义术语、收集证据。就食品和饮料而言,这意味着要搞清楚其生产过程、成分、效果等。就疫苗而言,这意味着要深入研究能使其达到高水平的有效性和安全性的措施,还要记住关于预防措施、副作用和公共卫生政策的历史教训。

并且,我们简单地宣称"我相信科学"并不比别人说"这是自然的,所以它一定是好的"更有用。因为科学的主张,从本质上来说,要能经受现实证据的检验和挑战。

从人口研究的角度来看待疫苗是很重要的,因为这是随着时间的推移,评估大规模疫苗接种的安全性和影响,从而对其进行改进的最佳方式。研究疫苗的特定生产和临床试验过程也很重要。临床试验不够严格的疫苗确实可能带来危害。但是仔细研究这种可能性并减少这种情况的发生,与否定所有的疫苗接种行为是完全不同的。

反思框3.1

- 你对疫苗接种有什么看法?

◉ 阅读了上述内容，你的看法有改变吗？我有没有漏掉什么重要的内容？

◉ 你该如何与和你观点不一致的人进行有意义的谈话呢？

我个人认为，如果你能以一种开放的心态去研究相关证据，你就很难证明疫苗接种是一件坏事，尤其是它还经历了充分的临床试验。

天花病毒也许是历史上最著名的例子。1980年5月8日，第三十三届世界卫生组织大会宣布天花病毒被彻底根除，而这完全是通过接种疫苗实现的。仅在19世纪和20世纪，天花就造成了数亿人死亡。但自1977年最后一次有记录的自然发生病例以来，它就再也没有造成任何死亡。[14]

然而，很多人不信任这种大规模的统计学思维方式和疫苗接种这件事。为什么？也许是因为他们看到或听到过错误的"科学没有告诉你的事情"或"疫苗的真相"，这些故事给他们带来了强烈的情感冲击；或者因为他们认为疫苗接种计划侵犯了他们的自由；或者因为与不作为的"自然"选择相比，主动让自己或孩子接种疫苗感觉会带来不必要的风险；也许，很不幸地，他们可能正经受着痛苦，有充分的个人理由不相信官方的主张和承诺。

有些人可能只是因感到太不确定、害怕、愤怒或冷漠等而不愿参加大规模疫苗接种。有些人可能对特定的公司、机构或研究过程有特定的担忧。但这些疑虑最终都基于一系列假设，这些假设与健康、自然、权力、风险和自由等有关——如果这些潜在的假设得不到解决，任何尝试都将失败。

同样，只要我刚才假想中的亲戚坚持认为只有"自然免疫"才是可靠的，我们就无法讨论某种疫苗的实际风险和好处。但是，如果我们明确了我们分歧背后的假设，理论上我们就可以讨论这些假设是否正确，或者反思它们到底有多大的说服力。尽管我们有分歧，但我们或许可以在某些问题上达成一致，比如是否自然并不是判断医疗措施的可靠标准，或者一致同意对"非自然"治疗方法的担忧，也就是对疫苗的不信任，本质上是对短时间内开发的新冠肺炎疫苗安全性及相关政策推行的焦虑。

只要明确了假设，我们就可以做很多事情；但前提是我们一开始就愿意表达、质疑和（至少在原则上）调整我们的假设。换句话说，我们要认识到：

- 我们的想法所基于的假设，在我们看来可能显而易见，但别人也许并不明白，我们需要向他们阐述清楚。
- 其他人的基本假设可能和我们自己的截然不同，除非这些假设也被讲清楚了，否则我们无法与他们进行建设性的辩论。

然而，在这份推动思想开明的任务清单上，还有一些需要补充的东西：

- 如果我们的交流不是相互尊重的、开放的，我们可能无法达到相互理解。

不幸的是，最后一点太重要了。有些人只想赢，对任何解决分歧的办法都不感兴趣；还有一些假设太过根深蒂固，或者太难推敲，以至于了解它们需要非常特殊的环境或相当的自制力。而涉及社会最深层的分歧时，这两种条件往往都不具备。[15]

那些定义我们的假设

我们的看法不仅是我们认为的东西，也是能够定义我们的东西（或者是我们有关对错的基本判断）。我们越是这样认为，就越可能把对我们看法的质疑视为一种侵略与冒犯。假设不是简单的未经检验的想法，它们也是身份认同和忠诚的基础：我们个人和国家的历史；我们的社会和道德；我们给彼此带来最大好处和最深伤害的根源。在某些情况下，我们视为"既定"的东西，恰恰是我们所相信的世界的基石。

心理学家乔纳森·海特（Jonathan Haidt）花费了职业生涯的大部分时间发展和普及"道德维度"理论，他最著名的作品是在2012年出版的《正义之心》（The Righteous Mind），该书试图描述不同的世界观是如何植根于各种基本的、深刻的道德假设的。海特明显参考了18世纪苏格兰哲学家大卫·休谟（David Hume）的观点，休谟在他1739年出版的《人性论》（Treatise of Human Nature）中提出："理性是，而且只应该是激情的奴隶。"[16]

对海特，以及对休谟来说，人们关于对错、什么重要、为什么重要的观点，与其说是一个连贯的、理性的整体，不如说是对各种相互竞争、相互矛盾的基本假设的合理化解释。海特提出了6组这样的假设，包括对关怀与伤害、公平与欺骗、忠诚与背叛、权威与颠覆、神圣与堕落、自由与压迫的态度。

就本书的目的而言，我们感兴趣的不是这种分类，而是其中不同的优先级别，这种优先级别有助于判断解决这些分歧的困难程度。例如，你会如何回答反思框3.2中的问题？

反思框3.2

● 你是如何理解"公平"或"公平社会"这些概念的？

● 一个社会努力实现所有人结局平等或机会平等，这个社会是否公平？

● 根据需要分配资源和根据努力分配资源，哪个更公平？

大多数现代社会都试图在"结局平等的公平"和"机会平等的公平"等原则之间进行平衡。你认为这个平衡点应该如何选取？这个问题的答案主要取决于你的背景和经历。没有一种公平的定义能让所有人或社会都认同，这种定义永远也不会存在。当被问及时，大多数人可能会同意"社会应该有一个公平的司法系统"。但这种看起来具有共识的说法掩盖了一个事实，即他们所认为的"公平"实际上存在着巨大的差异。

这会如何影响我们看待那些重要的假设？海特强调

了社会规范和实践的重要性：

> 我们不期望每个个体能进行良好的、开明的、寻求真相的推理，尤其是在涉及自身利益或声誉的时候。但如果你以正确的方式将不同个体集结起来，有些人就可以运用自己的推理能力来否定其他人的主张，当所有人都能感受到某种共同的纽带或共同的命运时，他们就能文明地互动，最终做出高效的推理，这种高效的推理是社会系统的一种新兴属性。这就是为什么知识和意识形态的多样性是如此重要，不管是在探求真理的团体或机构（如情报机构或科学家团体）之中，还是在良好公共政策的制定者（如立法机构或顾问委员会）之中。[17]

换句话说，"良好的、开明的、寻求真相的推理"最有可能来自于不同假设之间的互动和相互作用，这种相互作用很有意义。但只有在共同目标相同、共同承诺尊重不同意见的条件下，这种相互作用才会发生。与和你见解相同的人交流可能更容易，不管是在情感上还是在理智上。但这种群体思维让你永远无法检验你们拥有的许多共同的假设，这意味着你或早或晚肯定会错过有价值的想法和观点，并由于群体的盲点而陷入误区。

相比之下，只要有严格的组织和评估架构，搞清楚不同人持有的基本假设的广泛性，就可能产生有意义的见解。正如美国作家兼活动家玛丽安娜·威廉姆森（Marianne Williamson）在她1997年出版的《治愈美国》（The Healing of America）一书中所说：

> 重要的是我们的统一性和多样性，它们之间的关系反映了一种哲学和政治真理，理解这种真理是我们繁荣的基础。统一性和多样性不是对立的，而是互补的……两者都使我们向更好的方向发展。我们都是由许多不同的线编织而成的；我们既是多样的，又是一体的。[18]

统一性和多样性在日常生活中会是什么样子呢？想象一下，你和许多来自不同文化背景的人一起做一个项目。你们计划邀请一位当地的商业巨头参加一个活动，但是你的团队在邀请方式上无法达成一致：有些人认为正式的信函最能表示尊重也最合适，有些人想使用非正式的电子邮件，有些人想通过社交媒体接洽，有些人想要安排一次线下会面，还有人则提议在线聊天。考虑一下反思框3.3中的问题。

反思框3.3

● 为了找出团体产生分歧的原因，我们要研究哪些潜在的假设？

● 你如何确保在团队中每个人都能跟别人进行有意义的意见交流？

● 从结果和成员的感受来看，好的成果应该是什么样的？

最重要的是要记住，将这种分歧置于共同目标的背景下是很有用的。在上面这个例子中，共同目标是找到一种能够被商业巨头欣然接受的方式。一旦大家都同意找到这个方式才是最重要的，提议的多样化就变成了一种优势，而挑战就变成了有效地表达和评估这些提议。在实践中，通常是这样运作的：

● 在明确了所有人都是站在同一阵线上之后，每个人都可以表达自己的观点，不允许任何特定的声音或观点占主导地位。

- 团队要讲清楚大家在共识和分歧上的共同点，注意表达共识和分歧的过程要尽量公正和客观：针对的是想法，而不是人。
- 当大家意见不一致时，要让他们分别解释他们不同的推理思路，这样团队才能判断哪个思路最具说服力。
- 即使大家意见一致，也应该进行辩论，并根据现有的最佳证据进行检验，以确保不出现"理所当然的情况"。
- 最终的行动方案应该获得多数人的认可，可以选择投票的形式。
- 归根结底，最有力的共同假设是，团队的成功比个人的胜利更重要。

从假设到探究

就像"公平"这样的词包含多种解释一样，做假设这个行为本身也具有重要的双重意义。

如果有人告诉我我需要重新考虑我的假设，我可能会认为这是在指责我忽略了一些重要的内容，我可能会做出防御性的反应。但是，如果他们对我说"让我们暂时假设你是对的，我是错的"，然后观察接下来事情的走向，情况可能就会不同。

以"让我们假设……"开头的句子会让双方产生相互探究的可能。这是假设和严谨思维两者的关系之中最重要的一点,值得详细阐述:

- 任何思路都必须从某些假设开始:这些假设有些是我们意识到的,有些是我们潜意识里带来的。
- 只有通过仔细分析才能认识到假设会引领我们走向哪里:如果假定它们是真实或准确的,那么从这些假设中可以合理地得出什么结论?
- 我们总是会做出假设,基于不同假设的不同推理可能会把我们引向截然不同的方向。
- 因此,我们能做的最有用的事情之一,就是阐明我们和别人的关键假设,然后依次看看从这些假设中分别会得出什么结论。我们可以说"首先让我们看看如果X为真,会有什么结果;然后再看假设Y为真的结果"。
- 如果我们的思想足够开放,我们就更有可能识别常见的假设,指出错误的假设,并以尊重的态度看待不同的观点。

这表明,正确认识你的假设的含义和你的结论绝对正确是两回事。例如,如果我声称"科学是唯一有意义的思考方式",那么我可以合理地得出"所有精神、哲学和艺术的思考方式都是无意义的"。然而,这个结论更多地说明了我最初假设的局限性，而不是体现了我的才智，因为这样的结论是不正确的。换句话说：

我们如何在认识世界的过程中提出问题以及我们问题的架构是很重要的，起码与我们获得的结果同等重要（而且往往更重要）。

思考反思框3.4中的问题，去尝试构建同一问题的几种不同框架。

反思框3.4

⦿ 假设工作满意度是工作中最重要的东西，你会建议明年毕业的年轻人去追求什么样的职业？

⦿ 如果假设终身收入最重要呢？或者工作安全？或者对社会的贡献？

⦿ 一个明智的平衡点可能在哪里？什么假设决定了你的选择？

正如反思框中的练习所示，对于"我应该追求什么样的职业"，或者"我该如何过自己的生活"这样的问题，并不存在一个正确答案。然而，对于这些指向不同答案的假设，确实有越来越多且不那么严苛的方法可以检验它们，这些方法也可以使这种生活中很重要的问题接受经验和探索的考验。

让我们最后一次回到这个假设：通过自然还是非自然，可以判断这种医疗手段是好的还是不好的。正如我们所看到的，问题不在于这种"自然论证"没有价值，而是自然的优点被过分夸大了，局限性被忽视了，所以这种思维是错误的，是被简化了的。在这种被简化的思维里，自然和非自然之间的区别很容易判断，并且通过判断这种区别，可以毫无疑问地解决所有复杂的问题。

这就是此类世界观的本质，此类世界观只引用一个关键标准来判断真理或谬误。在这种世界观下，人们假设的是，只要一个主张有一定合理性，就可能从中推断出通用的规则。想想看，人们是不是经常依赖刻板印象来快速做出判断。刻板印象就是对某一特定主体或某一类人的过度概括的观点。如果不了解日本社会的详细情况，我可能会假设我即将见到的一个日本人会有一些特质，那来源于我对日本社会的一些模糊的陈旧看法。如果不了解出版行业的详细知识，我可能会认为新冠就像电影和电视节目中表现的那样。如果不了解新冠病毒，我可能会以为它就跟流感差不多。并且我会忽略其他证据,一直遵循以上这些假设。

以上这些情况中我都犯了同一个错误,就是假设真实世界就像那些被简化的印象一样,忽略了现实的复杂性。正如行为经济学家丹尼尔·卡尼曼(Daniel Kahneman)在2011年出版的《思考,快与慢》(Thinking, Fast and Slow)一书中所言:"这就是直觉启发式的本质——当面对一个困难的问题时,我们通常会回答一个更简单的问题,且很难注意到其中的替换。"[19]

换句话说,要建设性地挑战一个棘手的假设,就等于仔细推敲那些已经在意识中根深蒂固的东西;重新提出困难的、诚实的问题,而不是过度简化。这并不容易,但也不是不可能做到,也有被植入个人或集体的实践中的可能。

同样,要建设性地对待自己和他人的假设,就要把"假设"这个词从指责转为探究。要探寻你和他人的世界观从何而来、可能会带来什么结果,你们的共同点是什么,以及你以为你知道的事情在多大程度上符合现实。

总结和建议

- 虽然共识和有意义的分歧听起来是对立的,但它们实际上是同一枚硬币的两面。当你和别人争论一个观点的时候，一定要问：我们所使用的词语意义是否相同？

- 一旦我们明确了一个分歧背后的假设，理论上我们就可以开始讨论它们的真假，或者思考它们有多大的说服力。

- 质疑他人的基本假设可能会让人觉得是一种攻击。试着对他人感同身受，并坦诚对待自己的基本观点。它们在多大程度上有证据支持？它们在多大程度上存在文化差异和个人差异？

- 正确的推理过程并不等同于结论绝对正确。基于不同假设的两条完全合理的推理思路,很可能会把两个人的结论引向截然不同的方向。
- 在急于关注结论之前,确保你已经搞清楚了不同的推理思路是从哪里开始的,以及它们的基础假设中可能存在哪些矛盾。
- 建设性地挑战假设,尝试在过度简化的地方重新提出困难的问题——不仅要寻求与他人在知识上的共同点,还要寻求共识和共同目标。

4

给出充分的理由：
论证的重要性

论证vs断言

在2017年1月的新闻发布会上,美国总统唐纳德·特朗普(Donald Trump)的顾问凯莉安·康威(Kellyanne Conway)说出了近年来最有说服力的一句话。特朗普的新闻秘书肖恩·斯派塞(Sean Spicer)曾声称总统的就职典礼吸引了有史以来最多的人,但这一说法明显与照片证据和交通数据相矛盾。当被问及此事时,康威回答说:"我们的新闻秘书肖恩·斯派塞,提出了另类事实……"

"另类事实"(alternative facts)这一短语很明显存在意义的扭曲,它暗示真相取决于其效忠的对象。康威实际上是在说:你有你的事实,我们有我们的事实,我们没有义务接受你的事实,也没有义务接受其他我们不喜欢的东西。

如果康威说的"事实"是真实的,有被接受的充分理由,那么她这种谈论事实的方式就很奇怪。然而,如果她认为事实并不是某种普遍的正确,而是仅为某个特定的人所接受的正确,那么康威的回答就完全有道理了。正如她在随后的电台采访中解释的那样:"人们知道,他们自己心里有一个真相,这个由数据和事实支持的真相对他们来说更有意义。"

总而言之，在提出另类事实时，康威是在尽她的职责，因为从某种意义上来说，她这样做，是为了捍卫她效忠的政府的观点不受攻击。在场的记者们想讨论总统新闻秘书的一些蹩脚言论，但康威不想这么做，也不想将其视为一个合理的话题。所以，她对这个问题置之不理，然后用一系列毫不相关的说法来反驳："你认为在奥巴马总统的领导下，数百万人失去了他们的医疗计划、医疗保险和他们的医生，这是不是一个事实？……你认为在过去的八年里，我们在教育上花费了数十亿美元，但仍有数百万孩子对学校感到失望，这是不是事实？这些才是我希望媒体报道的事实。"[20]

通过强调其他更重要的事情，来反驳某人不相关的观点，被称为伪善论证 (whataboutery)，这是我之前列出的谬误清单中的术语，你应该有印象。伪善论证是政治辩论的主要手段，而且非常有效。如果你提出了一个我不想触及的话题，那么伪善论证可以让我在占据道德高地的同时驳回你的观点。我可以有力地反驳："明明有其他更紧急的事情，你怎么敢说你的话题更值得讨论？"伪善论证暗示，"我不是因为担心露馅或要承认错误才拒绝别人的问题，而是因为我关心其他更重要的问题"。

正如我们在前一章所提到的,当要不惜一切"赢得"争论时,伪善论证这种手段是很常见的,任何能让你形象高大、让你的对手形象有损的事情都会让局势变得更利于你。然而,如果你感兴趣的是搞清楚正在发生的事情,你就要从党派斗争和挫败对方的想法中跳脱出来,并思考"论证"一词的另一层含义。

在哲学意义上,论证并不意味着与某人观点不合,相反,它意味着为了支持一个结论,列出一条推理线。虽然这听起来很抽象,但它实际上是人们日常互动中最有用的方式之一。

举个例子:如果我告诉你不要去某家餐馆,因为我在那里食物中毒了,我相当于给你提供了一个建议和一个理由,以说服你听从我的建议。这个方法很有用。我向你展示了支持某个结论的一系列推理,而你会:

● 明白我为什么持有一个特定的观点。("我在这家餐馆食物中毒了;我认为你应该避免光顾它,因为我担心你也会食物中毒。")

● 评估我的推理有多大的说服力。("只要你相信我,而且我中毒的经历就发生在最近,那就足以支持你另选一家餐馆。")

● 将我的推理与你自己或别人的推理进行比较。("你听说这家餐馆的评价好坏参半,而你自己没有亲自去过;当地只有这家餐馆有你喜欢的那道菜,但我又很确定那里的食物让我身体不适了。")

- 做出明智的决定，是接受还是拒绝我的建议，或者进行进一步调查。("安全起见，也许找一个其他地方吃饭更好。")

相比之下，如果我只是简单地说"那家餐馆不好"，我就是提出了一个断言。断言缺少推理的支持，如果提出它的人不够权威，断言就没有自证价值，并没有那么有用。向你提出断言时，我是在强迫你要么接受要么拒绝我的主张，基于：

- 你对我断言的对象了解多少。("你听说过这家餐馆的评价好坏参半；当地只有这家餐馆有你喜欢的那道菜；我对这家餐馆评价很差，但你不知道为什么。")

- 你对我的了解。("鉴于我很挑剔，而且和你口味不一样，你可能会认为这家餐馆只是不合我的口味，所以你不妨自己试一试。")

换句话说，仅仅是提出断言，我没有办法让你了解我是如何得出我的观点的，或者这个断言凭什么能说服你。如果你最终食物中毒，断言带来的问题（说服力不足从而导致错误的判断）就出现了。但如果我在这之前告诉你我的推理，你可能就会做出不同的选择。思考反思框4.1中的问题。

反思框4.1

- 你认为在什么时候接受断言是有意义的？

◉ 什么时候知道某人观点背后的原因是最有帮助的？

◉ 你认为人们在公开场合所说的他们观点背后的原因，是真正的原因吗？

前提、结论和标准形式

用专业术语来说，每个论证都由一个或多个支持最终结论的前提组成。前提是一些陈述，将这些陈述合在一起就构成了推理思路，证明结论的合理性。我们可以用这些术语来重构我的食物中毒的例子，也就是构建论证过程的标准形式，我将前提按顺序编号，后面接着这个前提得出结论。

前提1：我在那家餐馆食物中毒了。
结论：你不应该在那家餐馆吃饭。

标准形式可以使提出论点的过程尽量清晰，以便于分析。这是我们在第2章中探讨的原则：如果你想确保你理解了某事，就要能够使用你自己的语言重述它，在重述的过程中，要去掉修辞和无关的细节。

在用术语重构一个论证时,这一点也很重要:不仅要阐明某人明确提出的那些前提,还要阐明他们的论证所依赖的、被视为理所当然的隐含前提(隐含前提用术语来说就是相关假设)。上述论证中至少有一个隐含前提。

前提1:我在那家餐馆食物中毒了。
前提2:(隐含)如果你在那家餐馆吃饭,你也可能会食物中毒。
结论:你不应该在那家餐馆吃饭。

这个隐含前提是否太过明显,不值得关注?重构论证看起来费时费力,而且没有必要,然而正如前一章所讲的,如果我们想要严谨地思考某件事,放慢速度并梳理出相关的假设是很重要的。

在上面的例子中,我推理的关键不只是我食物中毒,而是得出"如果你也在这家餐馆吃饭,你也可能会食物中毒"的隐含前提。一旦弄清了这一点,我们就会发现,任何降低你中毒可能性的因素都可能降低我的说服力:例如,餐厅后来接受了严格的检查,或者更换了管理人员,或者我的中毒经历是很久以前的事了。

某人提供了支持某一结论的前提,并不能自动证明他们所说的内容是正确的。事实上，阐明推理过程最有价值的一点，在于帮助我们发现薄弱或缺少说服力之处。

想象一下，假如我并不是因为食物中毒而警告你不要去那家餐馆，而是说："不要去那家餐馆吃饭，我10岁的时候经常和父母一起去那里，我讨厌那里！"我们也可以用标准形式来重建这个推理，尽可能详细地表达我的推理所依赖的隐含前提。

前提1：我10岁的时候经常和父母一起去那家餐馆，我讨厌那家餐馆。
前提2：(隐含)我讨厌那家餐馆，所以你也不会喜欢那里的。
结论：你不应该去那家餐馆。

把论证过程解释清楚之后，连我自己都觉得这个论证没什么说服力，但起码我愿意把事情理清楚，而不会觉得被冒犯了。此外，如果你对我的论证的分析让我改变了想法，也不能说明我"输"了而你"赢"了。理论上我是有收获的：放弃一个不合理的观点，能让我对未来做出更好的判断(但愿如此)，我甚至可能会重新光顾这家餐馆，然后发现我很喜欢他们在过去这些年里做出的改变。

阐明事情背后的原因，能帮助你理清思维过程和提高思维能力。即使是你自己在思考问题，一步一步地把推理过程理清楚也是很有用的。这样可以帮你识别出可能感到困惑的问题，或帮你意识到你依赖的假设是错误的，或者你现有的知识还不够证明一个结论。

一个话题越重要、越复杂，就越需要合理的评估；不能进行合理的评估时，不理性的观点就越危险。同样，当人们在一些不容易解决的重大问题上产生分歧时，经过缜密推理的论证就会发挥作用。例如，下面是一个完整的论证过程，论证的是在公共场合是否需要戴口罩——我在写这本书时，这件事存在巨大的争议：

> 这种病毒主要通过感染者口腔中的颗粒物传播，戴口罩可以减少这种颗粒物的传播，所以政府应该强制要求人们在人群密集的地方戴口罩。

与之相对的是反对强制佩戴口罩的论证：

> 要求人们戴口罩可能会导致他们在进行其他更有效的防疫措施时不那么严格，比如洗手；

也没有什么证据表明口罩能保护未感染的人不吸入病毒；强制戴口罩可能会影响医护人员等真正需要的人的口罩供应，我们不希望这样。所以戴口罩不应该是强制性的。

静下心来阅读这两个论证，然后思考反思框4.2中的问题。

反思框4.2

● 把这两个论证放在一起看有什么效果？

● 就论证本身而言，你觉得哪个论证更有说服力？

● 你还想知道关于这个话题的哪些内容，以帮助你做出决定？

显然，这两个论证呈现了两种截然不同的观点。但我们要明白，这两个论证之间的关系不一定是零和冲突。在零和冲突中，"赢"的观点得到认可，而"输"的观点会被忽略。但如果同时遇到这两种观点，你可能会发现自己受到了启发，对这场辩论的思考更清晰了，并且会产生一些有用的问题，比如你还需要了解什么。

对任何有兴趣了解不同方法的优缺点，并将其纳入更全面的分析中的人来说，权衡不同的、合理的观点是至关重要的。无论是对个人还是对集体来说，这都是一项艰巨的任务：我们要把本能反应和群体认同放在一边，转而提出问题。而这些问题的答案可能会改变我们对世界的看法：

- 到底发生了什么？
- 我的判断正确吗？
- 你的判断正确吗？
- 真相是否存在于我们之间？
- 我们如何探索和检验所有这些东西？

语境和语气在这里非常重要。如果我大声宣布："我不会在公共场合戴口罩，我拒绝这样做！"那么我就提出了一个强硬的主张，听起来，我并不想辩论或解释。然而，如果我以"以下是我不愿在公共场合戴口罩的一些原因……"作为开场白，那么我就是在把你当作一个理性的人来对待，打算与你分享和讨论我的理由——也许，我甚至做好了被你说服的准备。[21]

评估推理过程：演绎和归纳论证

具有说服力的理由是什么样的？一般来说，一个有力的论证可能体现为两种方式：一种与逻辑结构有关，另一种与模式和可能性有关。这些分别被称为演绎式和归纳式。

我前面关于戴口罩的两个论证中，第一个论证是演绎论证的例子：它的结构是试图从前提推导出一个在逻辑上确定的结论。我们可以将其整理为以下所示的标准形式。

前提1：病毒主要通过感染者口腔中的颗粒物传播。

前提2：戴口罩可以减少颗粒物的传播。

前提3：(隐含)在人群密集的地方，感染者口腔中的颗粒物有传播病毒的重大风险。

前提4：(隐含)各国政府应强制采取能减少病毒传播的措施。

结论：政府应该强制要求人们在人多的地方戴口罩。

请注意，我插入了两个隐含前提，以使推理思路更清晰。当你阅读标准形式的论证时，相比之前松散的形式，你对这个论证的感觉有什么不同？

我们称这种论证为演绎论证，因为它的结论可以从它的前提中，在纯粹的逻辑基础上推导出来。如果它的前提为真，且推理思路符合逻辑（即每一步都在逻辑上紧跟前一步），那么它的结论也一定为真。想象一下它的结构你就会明白这一点：如果某措施真的能显著减少病毒的传播，如果任何能减少病毒传播的措施都应该强制执行，那么就应该强制执行某措施。你不需要了解某措施是什么，就可以知道这样的论证形式在逻辑上是令人信服的。

正如我在上一段所阐述的那样，"如果"一词在演绎论证中提供了一个极其重要的限定条件：

- 如果某措施能显著减少病毒传播，并且……
- 如果任何能减少病毒传播的措施都应该强制执行，那么……
- ……逻辑告诉我们某措施应该强制执行。

但是，即使只在理论层面，减少病毒传播的"任何事情"真的都可以强制执行吗？如果每个人都被强制无限期地在家隔离，肯定能减少病毒的传播，但防疫措施也要考虑人们的其他需求。

换句话说,这样的论证在逻辑上是有说服力的,但它也存在潜在的误导(因为它的前提不符合现实)。我们一定要谨慎,不要混淆前提相互之间的逻辑关系和前提与现实之间的关系。用专业术语来说,我们可以说这个论证是符合逻辑的,但并不可靠,一个可靠的演绎论证既要符合逻辑,又要有正确的前提,这样它的结论才是正确的。

相比之下,我的第二个论证依赖于归纳法:一种基于模式、可能性和观察的推理形式。如果我们将它按以下所示的标准形式整理出来,就能明白了。

前提1:要求人们戴口罩可能会导致他们在实施其他更有效的防疫措施时不那么严格。
前提2:几乎没有证据表明口罩能保护未感染者。
前提3:强制要求戴口罩可能会影响那些真正需要口罩的人(比如医护人员)的口罩供应。
结论:也许不应强制佩戴口罩。

第二个论证的前提支持其结论的方式与第一个论证

完全不同。在演绎论证中,从前提中得出结论的过程应该是有逻辑的、必然的:如果前提为真,连接前提与结论的推理思路符合逻辑,那么结论也一定为真。然而,在归纳论证中,前提最多也只能用可能性来支持结论。这就是为什么我在前面的结论中使用了"也许"这个词。这种观点认为,戴口罩也许不应该被强制执行,因为这可能会产生一些负面影响,也可能作用有限。

归纳论证不是为了获得确定性,在严格的逻辑意义上也不可能完全可靠,但它可以极其令人信服。因此,如果一个归纳论证的前提证明了它的结论是可能的,那么我们也不能说它是"正确"的,只能说它是"强有力的"或"有说服力的";如果无法证明结论的话,我们会说它是"缺乏说服力的"。

这是否意味着演绎论证比归纳论证好,或者不如归纳论证?并不是。实际上,它们之间的差异更像是一种幻觉。如果我们谨慎认真地组织语言,就能以演绎的形式重构任何归纳论证。我们所要做的就是阐明关键假设,即那些支持结论的符合盖然性权衡(当举证的证据证明结论的发生具有高度可能性时,就认定结论真实)的标准的前提。一旦我们做到了这一点,结论就可以以合乎逻辑的推理思路从其前提中推导出来,因为我们的附加前提已经阐明了得出结论所必要的条件。要如何将我的第二个例子改为演绎论证呢?如下所示。

> 前提1:要求人们戴口罩可能会导致他们在进行其他更有效的防疫措施时不那么严格。
> 前提2:几乎没有证据表明口罩能保护未感染者。
> 前提3:强制要求戴口罩可能影响那些真正需要口罩的人(比如医护人员)的口罩供应。
> 前提4:(隐含)总的来说,这些潜在负面影响超过了强制佩戴口罩的潜在积极作用。
> 前提5:(隐含)只有当措施的潜在积极作用大于潜在负面影响时,才应该强制执行。
> 结论:总的来说,不应该强制戴口罩。

由于前提4和前提5的补充,这成为一个严密的演绎论证,它的结论是以流畅的逻辑从前提中得出的:
- 如果戴口罩的潜在负面影响大于潜在的积极作用,并且……
- 如果只有总体上积极的事情才应该被强制执行,那么……

- ……戴口罩不应该被强制执行。

当然,这并没有使这个主张比之前更正确。我们在评估它时,和评估第一个演绎论证一样:还必须评估限定词"如果"后面的内容的真实性。

这是不是说明我们没有进步?不是的。我们并没有像魔法一样突然获得确定性,但我们获得了清晰的思路。以演绎的形式阐述归纳论证,可以帮助我们评估论证所依赖的可能性和因果关系假设。

在细致地重构了这两个论证之后,我们现在有了良好的基础,能够帮助我们比较它们的优缺点,并认识到在部分地或全部地接受或拒绝这些论证之前,我们还需要知道些什么。请考虑反思框4.3中的问题。

反思框4.3

- 你是否重新认识了这些论证方式的相对优势和缺点?
- 如果是的话,为什么?
- 关于这个主题,你还想知道什么?

在我看来(当然你可能并不这样认为),第一种论证比第二种更具说服力，因为第二种论证方式的每一个前提都存在可能的漏洞。

要求人们戴口罩可能会让他们在采取其他防疫措施时不那么严格；但如果能清晰有效地向公众传达信息，就有希望避免这种情况发生。所有表明口罩可能无法保护人们不受感染的证据，我们都要铭记于心（从而不忽略其他防疫措施）。但正如第一条论证说明的那样，口罩最大的用处是阻挡病毒携带者释放的颗粒物，阻挡了这些颗粒物，拥挤的公共空间会更安全。

为医护人员和其他有需要的人员保证口罩供应很重要，但我们也可以鼓励人们制作和佩戴简易口罩（仍可阻挡一些颗粒物），同时为需要的人保留高级医用口罩，这样就可以缓解这一问题。

你可能不同意我的分析，而且上面两种论证都没有提及一个重大问题，那就是在现实环境中，关于戴口罩作用的研究到底能说明什么。但重点仍然是，对两种不同论证的仔细研究可以帮助我们检验和调整自己的观点（这个过程比愤怒地发表断言要有用得多）。自己试一下吧。下面的论证如果以标准形式重构，可能是什么样子？你觉得它有多大的说服力？

我年轻且健康，一个人住，我选择在公共场合不戴口罩也没有多大问题。我是否要拿自己的健康冒险取决于我，与他人无关。

我提供了一些隐含前提，请你填写明确的前提。

前提1：＿＿＿＿＿＿＿＿＿＿＿＿＿＿＿＿

前提2：(隐含)作为一个年轻健康的人，即使我感染了新冠病毒，也不太可能病得很严重。

前提3：＿＿＿＿＿＿＿＿＿＿＿＿＿＿＿＿

前提4：(隐含)因为我一个人住，所以我即使在公共场合不戴口罩，也不会给别人带来危险。

前提5：＿＿＿＿＿＿＿＿＿＿＿＿＿＿＿＿

前提6：(隐含)新冠病毒带来的健康风险完全是我自己的事，其他人没有权力强制我戴口罩。

结论：＿＿＿＿＿＿＿＿＿＿＿＿＿＿＿＿

我完成的版本见下。

前提1：我年轻且健康。

前提2：(隐含)作为一个年轻健康的人，即使我感染了新冠病毒，也不太可能病得很严重。

前提3：我一个人住。

前提4：(隐含)因为我一个人住，所以我即使在公共场合不戴口罩，也不会给别人来带危险。

前提5：我是否要拿自己的健康冒险是我自己的事，与他人无关。

前提6：(隐含)新冠病毒带来的健康风险完全是我自己的事，其他人没有权力强制我戴口罩。

结论：我在公共场合不戴口罩是没有问题的。

我的重构中隐含的前提是如此之多，说明日常交流中的大量信息都隐含在未言明的假设中。事实上，标准形式的推理的主要任务(和承诺)是，它可以使常见观念之间的联系变得明确和可评估，至少原则上如此；而且，当存在矛盾或遗漏时，它可以促使我们反思，然后努力做出更严格和全面的解释。[22]

至于上面这一论证是否可靠，我认为，即使对其假设做出最宽容的解释，也无法得出令人信服的结论，因为它忽略了年轻无症状人群在公共场合传播疾病的可能性。正如下一章将会探讨的，当我们想要弄清楚发生了什么时，一定要进行严格的研究。如果你思考的目的是证明自己是正确的，那么你的论证有可能是没有意义的，也是不合理的。

你是怎么想的？有效、合理、与人们需求相符的公共卫生措施是什么？制定这些措施的人怎样才能获得公众支持？显然，这些问题的答案并不简单。这正是为什么我们急需一场持续的、相互尊重的、以证据为基础的讨论的原因。[23]

总结和建议

- 如果你的任务是不惜一切代价赢得辩论，任何能让你形象更好、让你的对手形象有损的手段，都有利于你。如果你感兴趣的是胜利之外的东西，那么你就必须跳出这个"赢"的框架。

- 在哲学意义上，论证不仅仅是因为观点不合，相反，它需要设置一个或多个前提，以形成一条推理思路来证明一个结论。

- 相比之下，断言只是简单地陈述"事情就是这样"，没有任何理由或解释。

- 阐明某件事背后的推理思路可以让你明白为什么有人相信它，帮助你评估这个推理的说服力，将它与其他推理进行比较，并做出是否接受这个推理的明智决定。

● 用标准形式重构一个论证，需要按顺序列出它的前提，包括它所依赖的所有隐含前提，然后才得到它的最终结论。

● 一个符合逻辑的演绎论证是指其结论在逻辑上是由其前提得出的。如果一个符合逻辑的演绎论证的前提为真，那么它的结论也一定为真，这个论证就是一个可靠的论证。

● 但是，不要被表面上完美的逻辑陈述的确定性所迷惑，这些陈述的前提可能是过度简化的或不真实的。

● 归纳论证是基于对现实世界证据和模式的观察，如果其前提显示其结论很可能是正确的，那么这个论证就是有说服力的。

● 归纳论证无法实现绝对可靠或证明其结论绝对正确，但它可以为某事提供有力的理由。

● 如果对各种前提的可能性的权衡能够使我们得出明确支撑归纳论证的结论，就能用演绎论证的形式将归纳论证表达出来。这个过程不能带来确定性，但可以有效地阐明主张的内容和原因。

5

寻求合理的解释：
探究事物背后的原因

稻草人谬误和宽容原则

推理的力量中存在一些矛盾之处。例如,当你尽量透彻地理解其他人的观点时,你越是不同意这个观点,或者越是与他的世界观不合,反而对你的思想的提升就越有价值。要了解其中的原因,我们首先要考虑另一种情况。想象一下有人告诉我他的观察结果:

从学生们的反馈来看,如果你不对课程进行调整以更好地反映学生们的生活和经历,可能最后很少有学生愿意选这门课。

我该如何回应呢?下面是一种可能的回应方式:

所以你的意思是,只有把课程内容变得全都跟学生有关,才能使学生对我的课程感兴趣吗?但我并不打算迎合他们过度的自我意识,我的课程也不需要升级改变。课程的重点应该是教会他们新知识。

你能接受这个回答吗?现在来看一下另一种回应方式:

所以您提出,目前的课程内容无法让学生产生共鸣,而我通过结合他们的生活和经历等方式,可以使课程更容易理解,并提高课堂参与度吗?如果你所说的关于他们可能对我的课程失去兴趣的话是真的,那么我好像确实应该做一些调整。

你认为哪种回答更加通情达理呢？恰当地处理批评意见并不容易。但是，正如以上两种回应的对比能体现出的那样，第一种回应方式存在一些问题。

第一种回复将提议者的观点当作需要防御的攻击，而不是主动参与到他的推理思路中。在这种情况下，我们可以使用谬误清单中的另一种技巧：搭建稻草人。"搭建稻草人"意味着需要简化别人的观点以便驳斥它，就像搭建一个稻草人的目的就是摧毁它。这种方法是经不起推敲的，但它可以有效避免别人的仔细审视，就像许多用于逃脱逻辑辩论的其他策略一样。

只要我们仔细地研究一下他的观察结果和我的第一种回应，就会清楚地发现，调整课程内容以呼应学生们的生活和经历，并不等同于"把课程内容变得全都跟学生有关"，而且这种意义歪曲很容易让人忽略要说明的观点。同理，说学生"自我意识过度"也是一种无端的指责：这种做法把对方的意见归为一种任性表达，并认为不必当真。

相比之下，第二种回复仔细考虑了对方说的话，意识到观察者的反馈可能确实反映了课程存在的问题，因此考虑采纳提出的意见。接受意见是否说明对方的批评一定是合理的？并不是。可能经过进一步调查，我们会发现有很多学生喜欢这门课程,并认为它很有意义;或者会发现学生们是因为一些其他原因才放弃这门课。

关键在于调查,我们不进行调查就无法知道这些事实,而这些事实是很重要的。此外,如果我真的有兴趣设计一个尽可能有效和受欢迎的课程,那么发现潜在的问题要远比收到"挺好的"这样的反馈更有价值。就像我们需要先承认自己的无知才能更好地学习一样,我们只有先意识到哪里没有做好,或者哪里可以做得更好,才能实现进步。[24]

要在实践中应用这一原则,有一个技巧是把别人的观点视为所谓的"铁皮人";换句话说,要构建他们论证过程最强有力的版本。这听起来有点反直觉,但确实有很多好处:

- 如果你希望说服那些与你意见不合的人,或与他们达成共识(而不是反驳他们),你就需要尽可能深入地了解他们的观点。
- 确保你构建了他人论证过程的最强有力的版本,一个"铁皮人"可以让你从中最大化地学习与提高自己。
- 与你不同意(或以前从未考虑过)的观点的最强有力版本交锋,意味着你自己的想法必须是有意义的。

从理想化的角度理解他人最有效的方式之一,就是以他们认可的方式重构他们的观点。只有这样，才能解释你为什么在哪方面同意或不同意这个观点。这种方法或被称为"宽容原则"。"宽容"这个词在这种语境下可能有些奇怪，但这一原则是最古老和最实用的理性辩论准则之一。它被应用于各种情境中，但基本理念是相同的：

尽可能从别人的观点里最大限度地提取真实合理的内容，尤其当你们意见不合的时候。

这里有一个从古希腊时期流传下来的练习，在今天依然有学习的价值。首先，想出一个你强烈反对的观点。想好了吗？现在思考反思框5.1中的问题。

反思框5.1

- 支持这种观点的最有力理由是什么？
- 你能强有力地反驳所有这些理由吗？
- 你的思考是否挑战或改变了你本来认为正确的东西？

请注意，宽容原则不仅适用于别人的观点，也适用于你对于他们为什么持有这样观点的假设。可以明确地说：

除非你有决定性的反面证据，否则你应该一开始就假设别人的观点是合理且真诚的，而不是假设别人的观点是恶意的、无知的或错误的。

为什么要这么做？再说一次，并不是因为这是一件好事（虽然它可能是），而是因为只有做出基于符合宽容原则的假设，你才能掌握他人观点的底层逻辑，才能确保你最终可能对他们的动机做出的指责都基于谨慎的、公正的评估。

这样的指责通常会比那些基于偏见或稻草人谬误的指责更有力。而且，这个过程还可以让你有机会发现自己思维过程中的错误和局限性。宽容原则的这些优点，轻松地将我们带入了解释、证据和有意义的检验的领域。

提出解释

在某种程度上，解释是论证的反义词。在进行论证时，我们从自己信任的一个或多个初始前提推导出最终结论，只要我们的论证过程有说服力，我们就认为这个论证是正确的。但是，在进行解释时我们把这个顺序倒过来，以我们认为正确的事为起点，然后提出问题"事情是怎么变成这样的"。换句话说：

- 论证的中心问题是："如果X，那么会怎样？"
- 与论证不同，解释的中心问题是："我知道X是这样，但为什么会这样呢？"

这就为我们提出了一个挑战。一个严密的论证得出的结论应该必然来自于它的前提，但是对于以"为什么"开头的问题，我们就不太清楚如何给出一个令人满意的答案了。试想一下，当你向一个喜欢问为什么的孩子解释某事时会发生什么：

为什么苹果从树上掉下来？因为支撑它的茎断了。

为什么茎断了后苹果就掉下来了？因为它受到地球引力牵引掉向地球表面。

为什么它会受到引力牵引掉向地球表面？因为引力是决定宇宙中物质行为的基本力之一。

为什么引力是一种基本力？我不知道。

为什么？因为我说的。

"为什么"可以问无数次，它的答案也有无数种。幸运的是，好的解释遵循的一般原则很简单。除了与提问者相关，或对他有用之外，一个好的解释往往有两个特点：

- 它涵盖了所有我们知道的相关信息。

- 它力求简单明了。

一个糟糕的解释往往与之相反：

- 它省略了引起麻烦的部分。
- 它将事情不必要地复杂化了。

这些原则可以帮助我们理解很多东西，比如阴谋论。举一个现在正在发生的与5G有关的例子吧，这个例子流传的广度十分令人震惊。这个阴谋论将5G手机移动通信基站和新冠病毒大流行结合了起来：

为什么会出现新冠疫情？因为新一代5G手机移动通信基站于2019年开始在全球范围内大规模建设开通。年底，新冠疫情暴发。阴暗的全球精英们正在利用5G辐射削弱人们的免疫系统，促使病毒传播。

你对这一理论有何看法？首先，我们可以将其与非阴谋论版本的事件陈述进行比较，这是很有用的。

为什么会出现新冠疫情？新型冠状病毒疫情于2019年底暴发，因为人和动物之间发生了病毒交叉感染。尽管已经采取了控制措施，但病毒的传播，尤其是无症状感染者所造成的传播，沿着区域性甚至全球性的路线形成了愈演愈烈的"超级传播事件"。

你认为哪种说法更符合"好的解释"的标准？像大多数阴谋论一样，5G理论在几个关键方面都存在缺陷。

它忽视或歪曲了不合其逻辑的部分,包括我们人类对病毒、免疫系统和电磁辐射运行规律的了解;它声称一个庞大而复杂的阴谋在全球范围内存在,但这不知为何居然是个鲜有人知的秘密;阴谋论的解释的复杂程度比其他的解释复杂程度高了许多个数量级,然而依据这个理论进行的预测,几乎没有可信度或精准度。

当然,阴谋论的部分吸引力来自于几乎所有事物都可以被阴谋化;阴谋论用鲜明的语言描述世界上的善与潜藏的恶;它的虚构能力允许人们暂时忽略现实的复杂性和不确定性。在这种情况下,为什么阴谋论会在困难时期泛滥成灾就很容易理解了。人们更愿意相信一个隐藏的、确定的真相就藏在少数几个骇人的群体中,而不愿意接受最终答案并不存在;人们也不愿意相信所谓的"全球精英"其实和他们一样困惑,并没有掌握着所谓的"终极真相"。

就像受到蛊惑成为邪教徒一样,成为其中一员才能接触到的且仅限于少数人知道的复杂事件的内在真相也很有吸引力。阴谋论鼓励人们相信你正"英勇地穿越秘密的迷宫",走向"唯一的真相"。就像匿名者Q(QAnon)关于"深层国家"的妄想症般的言论,这种行为会被某种刺激感助长,这种刺激感来自所谓的揭秘,来自成为所谓知情者的满足,来自作为知情者感受到的正义感和权力。缜密思考面临的难题之一就是对抗这种妄想症般的错误信仰,而证据和推理只是解决方案的其中一环。[25]

检验另一种解释

我如何才能确定这个世界不是由躲在暗处的精英统治的,整个宇宙不是计算机的模拟程序或一个梦,也不是一个由极其先进的外星人设计的试验?实际上我并不能确定,但这是因为所有这些阴谋论的"解释"都是通用的。它们解释一切,因此它们什么也不能解释,它们的循环逻辑能套用在所有的事实和发现上。

反思框5.2

- 你能举一些你所相信过的阴谋论的例子吗?
- 你认为人们为什么会相信这些阴谋论?
- 成功地挑战它们,或打开人们的思路,可能意味着什么?

你可能觉得解释会使阴谋论更容易被识别和不被理会。然而，阴谋论最令人恼火的特点就是，我们永远无法仅根据复杂性就明确排除某个解释，即使简单的解释本质上也比复杂的解释更可靠（因为它们只需要很少的事实支持）。事实上，阴谋论是我们所有人都可能犯的错的一个极端版：顽固地相信自己喜欢的解释，不管证据如何。

这种偏好被称为"确认偏误"，这是人类的普遍倾向，即寻求那些能支持我们已经相信或希望为真的事情的证据，且优先级高于任何与这些感觉或观点相悖的事情。[26] 怎么做才能避免确认偏误呢？其中一个方法与本章开头的一个概念有关：搭建铁皮人而不是稻草人，且尽可能充分地理解反面观点。

要想知道这种方法在实践中是如何运用的，可以参考欧洲历史上的启蒙运动时期。17世纪初，随着对天文观测的日益精确，天文学家们发现他们的观测结果难以与当时的一种（广泛传播但并不正确的）信仰相吻合——这种信仰认为行星必须在圆形轨道上运行，因为圆形是神圣秩序的完美体现。

直到约翰尼斯·开普勒 (Johannes Kepler) 在1609年至1619年间发表了他关于行星运动规律的论文，行星实际运行的椭圆轨道才第一次通过数学方法被描述出来。然而，开普勒的研究工作源于他的宗教信仰，他一开始是想证明这些轨道是圆形的。那么，他最终为什么改变了想法呢？

开普勒的第一本书提出了一个复杂的几何方法，声称圆是所有创造的基础。然而，在他于1601年继承了其导师第谷·布拉赫 (Tycho Brahe) 的天文观测资料后，他决定不仅要利用这些资料来改进他现有的理论，还要对这些理论进行测试。布拉赫对火星轨道进行了极其详细的观测。正是通过将这些观测记录与自己理论的预测值进行比较，开普勒才逐渐意识到，圆的数学理论不能解释观测结果；但是，如果将这些圆压扁成椭圆，将太阳置于其中的一个焦点上，那么一切就都能解释得通了。

开普勒仍然相信这证实了神创论（并花费了职业生涯的大部分时间提供占星学指导），但同时他也接受了另外两个原理，这两个原理为那个时代的很多启蒙见解奠定了基础：

⦁ 人类的理解，尽管可能受到神的启示，但还是需要以探索和测量宇宙为指导，而不应该仅仅依靠对《圣经》和其他经典权威的理解。

⦁ 即使是一个被大众广泛接受的解释，也可以而且应当将其精准性和预测度与其他有可能更好的解释进行对比。

在这方面，必须要提到20世纪最重要的思想家之一、曾经深耕于科学解释领域的哲学家卡尔·波普尔(Karl Popper)。波普尔曾敏锐地意识到清晰的思维会受到两大挑战，它们分别来自于科学思想的动荡历史和确认偏误。但即使不可能绝对确定地解释某件事物，波普尔也没有对此感到绝望，相反，他从科学的历史中意识到证实和证伪之间存在着显著的不同。他的推理过程如下所示：

1. 如果你只求证实，你可能一直都能够找到证据来支持你所相信的事物，无论这些证据有多么难以置信或不真实。

2. 这意味着，即使有看似压倒性优势的证据，我们也不能确定任何说法是绝对正确的。同样地，任何个人偏爱的想法或解释都可以通过足够复杂的补充说明来"拯救"。

3. 在部分情况下，我们可以寻找证据，来明确地证明某些观点是错误的。比如，如果我声称北美没有蛇，那么只要在北美找到一条蛇就足以推翻这一说法。

4. 同样，即使无法绝对推翻一个说法，我们也可以通过调查来确定这个说法有多大的可能性是错误的。如果我正在调查一种新的疫苗能否预防某种疾病，然后发现在一个严格控制变量的实验中，1000名接种者中有997人获得了免疫力，那么我就可以说，与疫苗生效的可能性相比，由于疫苗失效而感染疾病的可能性是微不足道的。

5. 但即使缺乏确定性，我们也可以通过提出能够被合理且有意义地证伪的主张，或我们能确定地检测其合理性的主张，提升自己以更好地理解世界。

反思框5.3

- 你希望调查或增进了解的主题是什么？
- 你目前对这个领域有什么了解？
- 你要如何构建一个可行的解释或理论来帮助你检验并提升你的理解？

虽然我讲了很多关于"科学方法"的内容，但更为准确的说法应该是，科学研究是一系列相互关联的态度和方法，由研究人员在不同背景下进行实践。这并不高深，这些研究人员自己也是普通人。

我们可能夸大了波普尔证伪理论的影响，却忽视了那些在根本上充满想象力、文学性和创造性的认知飞跃，这些飞跃支撑了许多科学见解。开普勒并不是简单地因为偶然发现了他无法解释的数据，从而改变了思维。在他所生活的时代节点，无数的天文学者都在努力应对日益精确的望远镜观测所带来的影响，努力应对制作可靠的天文图表和导航辅助工具带来的挑战。

在波普尔之后，我们可以将一些通用的问题应用于许多需要严密解释的场合：

1. 我们有兴趣探索和理解的是什么？

2. 我们目前的解释认为发生了什么？

3. 是否存在与我们的解释不相符的观察结果？我们可以做出哪些预测来验证我们的解释？

4. 如果上面的哪一步产生了与我们的解释不相符的观察结果，是否还存在另一种说法能更好地解释我们已知的一切？

5. 如果我们已知和预测的一切都与我们的解释相一致，那是否存在其他更简单的解释呢？

6. 如果我们的说法既解释了一切，又是最简单的版本，那么我们该如何严格地检验它，提高它的说服力和准确性呢？

请注意，最后并没有这样一个要点说："停下吧，你已经发现了终极真相！"我们只有尽力追求解释更多。追求这一目标的过程的要点如下：

根据我们目前的知识，这种解释比其他的更好，因为它提供了最简洁、最精准的见解和预测。

让我们把时间转回到现在，来看看所有这些事情是如何结合在一起的。在新冠病毒大流行初期，它仍被视为在局部区域暴发的病毒。当时盛行的理论认为，该病毒在人与人之间的传播率非常低，动物与人的接触才是主要的感染途径。人与人之间的传播被认为是不太可能的，因为更适应动物宿主而非人类的新型疾病往往都是如此。随着疫情的发展，上面提到的6个问题逐渐被提出来：

1. 我们对什么感兴趣？我们感兴趣的是探索和了解近期发现的新型冠状病毒是如何传播的。

2. 我们目前的理解是什么？目前，我们对其最初传播途径得出的最佳解释是：它几乎只在动物和人类之间传播。

3. 我们知道什么，以及我们还需要知道什么来检验这种理解？有限的早期证据显示，可能存在人与人之间的传染。但目前的解释认为人与人之间的传染率很低，因此任何能证明传染率高于这个水平的证据都能说明目前的解释是错误的，起码是有缺陷的。

4. 我们现在是否应该积极地寻找另一种解释？随着事态发展，病毒已经蔓延到全世界各个地区，病毒在人与人之间传播的证据也越来越确凿，因此我们可能需要换一种方式来看待这种病毒，就像看待其他能进行人际传播的病毒一样。

5. 能解释现在已知情况的最简要的新说法是什么？我们目前认为该病毒可以通过携带病毒的汗水、鼻涕和唾液进行人际传播，这些飞沫可能会污染物体表面，或者通过咳嗽、打喷嚏和说话在短距离内通过空气传播。

6. 我们如何继续检验并增进我们的理解？随着我们继续检验新冠病毒全球传播的可行解释，我们发现仅靠飞沫传播理论无法解释现在的情况，还需考虑"气溶胶"传播，这类传播提到了一种呼出后可以在气体中悬浮数小时的小颗粒物质。我们正在评估预防措施的作用，比如保持社交距离和戴口罩，以及分析所谓的"超级传播事件"，以继续完善我们的理解。数据显示，"超级传播事件"导致许多新病例出现。

也许就这个概括性解释而言，最重要的一点是，它没有任何形式的茅塞顿开（*eureka!*）的时刻，反之，它体现了全球科学界的集体活动，在逐渐完善的知识基础上推进和探索不同的、不完美的解释。

就在2020年7月14日——我写下这些话的时候，全球新冠肺炎累计死亡病例已超过50万，累计确诊病例已超过1300万，在美国、墨西哥、巴西、印度、俄罗斯和秘鲁等国家，新冠病毒还正在以可怕的速度传播着。与此同时，无数细节解释和观点逐渐被证伪或被证实可靠，正在等待进一步检验或实施。

除了我们对病毒传播方式的了解日渐深入，越来越多的试验表明，以新的方式使用旧药物（尤其是抗病毒药物瑞德西韦和类固醇药物地塞米松），可以显著提高重症患者的存活率。同时，尽管有一些政客投机炒作，但随后的调查（以严格的波普尔主义证伪方式）证明了早期的抗疟药羟氯喹测试是无效的。

很多事情仍在发生变化。感染新冠病毒后各种令人担忧的后遗症开始出现，潜在的病毒新变种开始被发现，并逐渐受到密切关注。正如我在上文的概括性解释中所指出的，世界卫生组织正将其工作重点从飞沫传播转向分析和预防气溶胶传播：就像所有科学反思一样，这一变化值得推崇，即使它可能给公共卫生和政治带来进一步挑战。关于新冠病毒，现在还没有什么是我们完全理解了或解释清楚了的，但起码在科学领域，我们的无知和无能正在逐渐减少。

最重要的是，当你读到这篇文章时，可能已经有了有效的抗病毒疫苗，也可能没有，确定的缺失将继续引来愤怒、争议和伤心。但毋庸置疑，从相互联系的观察、分析和尝试性解释带来的逐步推进，以及我们身后被抛弃和驳斥的观点来看，我们正在进步。正如波普尔在他1959年出版的《科学发现的逻辑》(*The Logic of Scientific Discovery*) 一书中所说的：

> 科学揭示的不是真理。更确切地说，科学的伟大和美丽在于，我们可以通过批判性的调查，认识到这个世界在哪些方面不同于我们的想象，直到早期理论的陨落点燃我们的其他想象。[27]

总结和建议

- 对别人的观点进行过度简化，以便驳斥它，这种做法被称为搭建稻草人。
- 要尝试搭建铁皮人：也就是以最强有力的版本理解他人观点。
- 这与宽容原则相呼应，即你应该最大限度地从别人的说法中提取真实合理的内容。

- 一个好的解释应该尽可能简单地说明你知道的所有相关信息，而一个糟糕的解释往往会忽略对自己不利的信息，或具有不必要的复杂性。
- 最简单的解释不一定是最好的，但一个解释无论有多复杂，通常都需要被证明出来，而不是假定出来的。
- 如果你一直在寻找例证支持，那么证实你希望相信的任何事情的过程可能都是没有尽头的。

● 只要有可能，就要设法证伪而非证实；不要被一个无法被推翻的理论所迷惑，解释一切就等于什么也解释不了。

● 科学方法追求的是在理论的基础上做出预测。如果经验观察与这个理论不一致，那就需要寻找新的理论、新的解释，或针对这些异常现象的合理解释。

● 科学思维重点在于根据现有的知识寻求可能的最佳解释——这需要在不同的理论之间进行持续的、严格的对比。

6

创造性思维和合作思考:
找到有效过程

想象力和创造力

在上一章的结尾，我引用了波普尔对科学想象力的描述：科学想象力是由早期理论的陨落点燃的。如果你习惯将科学视为一门冷酷的、没有感情的学科，那么这个描述方式可能有些不同寻常。然而，正如本章将要探讨的一样，想象力和创造力是科学不可或缺的一部分，就像它们也是艺术的必要组成部分，并且它们是可以通过积极培养来提升的。

想象力和创造力的区别是什么？在日常交流中，这两个词通常用来描述类似的事物：自由流动的、联想的思维方式，它们能够带来全新的可能性，能够点燃灵感和启蒙的火花，它们可能是由深层情感引发的，也可能会唤起这样的情感。想象力往往会被视为富有创造性的同义词，因为两者都能跳出日常的限制。

然而，它们之间有一个重要的区别：创造力是想象力的运用。我们在大脑私密和舒适的一隅想象事物，在这个角落，一切皆有可能。但是，创造力则意味着要将这种想象力变成现实：一件艺术品、一首歌，或者一个科学理论。无论这个过程是多么的自然或无意识，创造力都在某种形式上属于技艺或实践范畴——因此它可以被传授和改进。

在2001年出版的《让思维自由起来：变得更有创造性》(Out of Our Minds: Learning to be Creative) 一书中，英国教育家肯·罗宾逊 (Ken Robinson) 将想象力、创造力和第三个概念——创新，进行了区分：

> 有三个互相关联的概念……想象力，是将我们未接触到的事物引入脑海的过程；创造力，是构建有价值的原创想法的过程；创新，是把新的想法付诸实践的过程。[28]

还有许多其他的定义方式，但罗宾逊的定义是最准确的，特别是他将创造力视为学习的关键（而不是一种奢侈或放纵），而且将创造力与创新相结合，认为两者合力可以改变我们的思维和行为。你同意他的观点吗？在进一步讨论之前，请思考反思框6.1中的问题。

反思框6.1

● 创造力对你来说意味着什么？它在你的生活中扮演着什么样的角色？

● 你认为创造力在学习、工作和兴趣爱好中分别扮演了什么样的角色？有什么不同呢？
● 你可能会如何练习和培养你的创造力？

创造力最棘手的特点之一在于，它是一种个人的、主观的特质。如果我说我正在做的一切都是有创意的，你拿什么反驳我？或者，如果我觉得我没有创造力，那么即使你觉得我有，你又能怎么样呢？对有些人来说，教授他人创造力这种想法本质上就是多余的。你要么是一个"有创造力"的人，要么就不是。

我不同意这些观点，但我能理解为什么有些人会这样想。对幼儿而言，创造力蕴含在游戏和学习中。儿童天生就倾向于具备所谓的发散性思维，他们的想法不拘一格、天马行空。与之相反，培养收敛性思维需要时间和训练，收敛性思维只专注于一个特定的想法，舍弃其他想法。教授收敛性思维是教育的主要任务之一，这容易让我们将发散性思维当作一种"天生的"属性，只不过人们拥有它的程度不同。

这种思维模式的问题在于，它仅仅是将发散性思维与创造力联系在一起，却假设只有收敛性思维可以通过学习获得。这让我们意识到摒弃一些错误假设的重要性：

- 创造力不仅仅与艺术有关，也不是"有创造力"的人独有的，任何需要判断和技巧的工作都含有一些创造性元素。
- 创造性思维并不一定是宏伟的、大胆的或具有惊人的创新性。它涉及最多的还是普通的日常事物，比如思维活跃的交流，或从一个崭新的角度看待一个熟悉的问题。
- 创造力与其说是一种单一的、自发的行为，不如说是一个过程。我们对创造力可以学习、教导和实践，并且创造同时包含收敛性和发散性两种思维方式。

最后一点是最重要的。创造力并不是一件非黑即白的事，人们很容易被这种观点蒙蔽，即原创的灵感要么是突然出现的，要么不会出现。实际上，这种观点的反面更接近真相。一个人在日常生活中越依赖创造性思维，他们就越可能依赖循序渐进的过程来帮助和支持他们。美国作家、诺贝尔文学奖得主托尼·莫里森（Toni Morrison）曾在2014年的一次采访中谈论过她的创作过程：

> 作为一个作家，失败对我而言只是一条信息而已。写作的内容或是不清晰，或是不准确。我承认失败，然后做出修改。失败很重要，但有

些人并不承认它。失败是数据，是信息，告诉我们哪里出现了问题……就好像你在实验室里用化学物质做实验，但实验没有成功，物质不相融。你不会就此认输，跑出实验室。你要做的是仔细识别哪里出了问题，然后做出修改。[29]

莫里森的话既非同凡响又具有卓越的正面效益，因为她将文学创作与科学研究的语言（信息、数据、实验室、实验、程序）结合了起来。她在散文中对非裔美国人经历的描述堪称是史上最生动和最深刻的。即便如此，她还是对作品进行了仔细的完善，她通过仔细分析信息和反复改进实验来构建自己的创作。换句话说，她强调了这样一个事实：即使是最伟大的创作，其背后也是一个结构化的过程，有错误的操作，也有必要的修正。

我们可以从这样的过程中总结出什么有用的结论？近年来，人类学家和艺术家埃坦·布加勒斯特（Eitan Buchalter）开创了一种新的创造方法，我有幸与他合作研究这种方法在教育领域的应用。在我看来，布加勒斯特的方法有一个优点，就是兼具实用性和开放性，从小学到大学都适用。这个方法将创造的过程分解为6个步骤：

1. **兴趣**。首先，通过反思和想象，确定一个你感兴趣的领域：一个能与你产生深刻直觉共鸣的领域。

2. **知识**。反思你已知的该领域的知识，反思该领域的特别之处和出人意料的地方，反思你具备什么相关的知识、技能和经验。

3. **娱乐性实验**。思考向他人传递你的兴趣意味着什么，带着娱乐的态度进行试验，测试你可能会做什么、会得到什么结果。

4. **发现**。记录并反思你的试验：你遇到的挑战；要如何克服这些困难；你可能要改变或适应的方面。

5. **背景**。研究在这个领域有哪些已经存在的成果，这些成果是如何取得的，哪些课程和问题与你最相关。

6. **反馈**。反思你做了什么、学到了什么，你感觉如何，完善你的工作意味着什么。

然后，如果有必要，重复以上6个步骤。[30]

要如何将这6个步骤与自己的经历联系起来呢？你可能已经注意到了，布加勒斯特提出的6个步骤要求我们既要进行开放性试验，又要集中反思，逐步利用这些步骤，先发散然后收敛你的注意力。正如莫里森和其他许多人所说的那样，发散和收敛并不是此消彼长的竞争关系，这种在发散性和收敛性思维之间的转换，既可以促进灵感迸发，也可以推动严格的自我反思。

最重要的是，在教与学的过程中，能够执行这个过程本身就是培养创造力的关键。布加勒斯特强调，这与高度关注职业技术的课堂不同，在那种课堂上，那些具备一定天赋或有一些专业知识的人可能有能力从容应对，而其他人最终会觉得自己"没有创造力"。换句话说：

- 在一个成功的创造过程中，直觉和批判性反思是相辅相成的，这个过程需要在发散性和收敛性的思维模式之间不停转变。
- 区分工艺和创造力是很重要的。创造某些东西可能需要特定的工艺技能，但使用这些技能本身并不具有"创造性"。
- 在教学和实践创造力的过程中，参与有意义的创造过程本身就很关键。
- 能够参与这样的过程，不仅对少数的艺术人士来说有价值，对其他所有人来说也有价值——它的运用范围远超艺术领域。
- 你会如何利用这样的过程呢？思考反思框6.2中的问题。

反思框6.2

● 在你的原创项目中,解决或探索什么问题最令你兴奋?

● 你可以如何在你目前工作的某一个细微方面发挥创造力?

● 你觉得你过去做过的哪些事情可以体现成功的创造性思维?

克服障碍,提出独到的见解

不管你是在做一个研究项目、写一篇论文还是接受一项专业性的挑战,你都很容易遇到一个问题,那就是如何开始;你也很容易担心自己的方法不够新颖、有趣或创新。面对这些困难,下面这条建议值得你牢记在心:

新颖、有趣和创新并不一定是突破性的新。很多时候,仅仅是找到一个新的角度来探索现有的问题,或者用不同的方法来解决一个熟悉的问题,或者从个人的、反思的角度来解决现有的争论,都属于新颖、有趣和创新。永远不要为了追求新而追求新。

在这一点上，我要坦白。尽管我的作品大部分都是教科书和纪实文学，但我也是个小说家。至少，我已经出版了一部小说，并且是一部惊悚小说，这与我最近的纪实文学创作并行不悖。为了写这本小说，我需要学习的最重要的一课，就是要忘记这个没用的陈词滥调：每个人内心都有一本小说。

你可能觉得这句话很鼓舞人心，然而对我来说，问题在于：这句话的意思是写小说意味着要审视我的内心，找到这本将被创作的小说的要素。但是我心中没有这样的东西，所以多年来我对此一无所获。

最终，一系列的谈话和机会激励我开始创作，即使我没有完美的情节，也没有准备好角色名单。我开始写作，先是介绍一个人物和场景，然后就开始发愁接下来怎么写、应该发生什么事情。接着，我全部重写了一遍，增加了一个场景、引入了另一个人物。我改变了第一个角色的性别，想到了另一个场景。从一个朋友最近写的关于互联网阴暗面的书中找到了灵感，我重新阅读了我写的内容，又重写了一遍，又增加了另一个场景。渐渐地，我发现，尽管还是会觉得没有把握，没有安全感，但我确实是在写一部小说。

我还不知道这个故事会如何结束，也不知道它会不会是一部好作品，但我已经不再担心我能不能写小说，或者我能否想出一个足够宏大的原创概念。我已经开始专注于创作过程，并通过这个过程摆脱了一个误区，那就是小说在某种程度上是自然而然的或者与生俱来的。我意识到，小说与我写过的纪实文学是很类似的。从这种意义上来说，只要我坚持足够严谨的过程，我最终就可以创作出一本小说。

我讲自己的经历是不是太任性了？也许吧。这种经历当然不是普遍的。有些作家确实觉得自己心里有小说，正等着写出来。很多作家会事先精心安排好情节。而有些人写出来之后几乎不做修改，或者在初稿完成后立刻修改。有些人只在特定的时间段进行审慎的写作，或者每天只写固定的字数。还有一些人通宵写作，或只在周末写作。有些人写乡村隐居的生活，有些人则在写作中大吐苦水，诉说工作和育儿的疲惫。但他们都有一个共同点：他们想方设法填满第一页空白，然后一直写下去，直到作品完成。

这是完成工作的唯一保证，无论这项工作是否与创造力有关。你需要找到一种完成工作的方法，这意味着要找到一个适合你的过程，这个过程要让你能够克服任何抑制你想象力和执行力的因素。这对你来说意味着什么？思考反思框6.3中的问题。

反思框6.3

- 当开始一个项目时，你面对的最大阻碍和困难是什么？
- 你会用什么方法开始做这个项目呢？
- 当你坚持做下去的时候，你面对的最大阻碍和困难是什么？
- 你可以日复一日坚持下去的过程可能是什么样的？

这些问题引导你探究是什么阻碍了你去实现自己的抱负。如果你能具体地回答这些问题，也就是说，你可以思考直接的、实际的问题而不是抽象的问题，它们可能会更有用。你可能会害怕失败，但除非你把这种恐惧分解开来并逐个击破，否则很难有所作为。你可能会遇到各种困难，比如害怕在某些人面前表现得很蠢，或者你发现某个关键资源很难理解或者非常枯燥。如果你害怕在某人面前表现得很蠢，你应该探究为什么他会让你感到害怕，以及你可以从哪里寻求支持和帮助；如果你觉得关键资源不好理解或枯燥，你可以寻找更符合自己偏好的新资源。

我有时会指导其他作家。当遇到这些困难时，下面这个指导课程的通用框架可以帮助我们：

1. 给自己设定一个切实可行的目标。你想要达到什么目标？你一个月内、一年内想要完成什么？一旦你设定了一些积极的、具体的目标，就可以开始考虑时间安排和下一步计划了。

2. 考虑你的实际情况。你现在具体是什么情况？你遇到的最主要的阻碍和挑战是什么？你有什么有利条件和技能？

3. 列出你的选择。根据你目前的情况，你有哪些直接的选择？你有哪些可以利用的工具、机会和关系？你能把任务分解成细微的、可实现的步骤吗？

4. 决定你要去做什么。认识到自己能做什么之后，现在需要决定你真正要去做什么，尽量做出有时间限制的安排。这些任务可以非常小，但重要的是要对一些特定的即时行动竭尽全力。

还有一点值得注意，不管你是否认为自己正在做的项目具有"创造性"，这个误区都有可能阻碍你开始和继续这个项目：以完美苛求卓越的事物。

以完美苛求卓越的事物，指的是有些人可能以结果不完美为借口拒绝尝试某件事，即使这件事可能是有益的。同理，有些人会觉得自己天赋不够、经验不足，从而觉得自己无法坚持下去，就像有些人因为担心自己看起来很愚蠢而不敢在研讨会或会议上发言，或者太顾虑可能遭到批评而不敢在辩论中说话一样。

这几乎是我们所有人在生活中的某个时刻都会遇到的事。要克服这种情况，就要说到本章标题的后半部分：合作思维，以及它与创造力的紧密联系。

建立更好的合作

成功的合作中最重要的因素是什么？有三个普遍的共同因素，分别是：

● **成功的沟通**：创造条件，让每个人都能充分表达自己，同时能清晰理解他人的观点。每个人的观点都很重要，不要让某个观点占据绝对的主导地位。

● **共同的价值观**：建立共同的目标，理解目前的任务是什么，包括其范围和基本原则，以及什么样的行为才是尊重他人的、包容的。

● **重复完善**：确保对工作产出进行定期的、建设性的评估，并根据当前的目标和优先事项，改进和完善这些成果。

你可能已经注意到了，这些因素呼应了我在前几章中提出的关于假设和推理的原则。不过，要如何将它们与我前面所讲的关于创造力的内容联系起来呢？

最重要的是，这些因素构成了一个不断尝试的过程，而不是仅仅以追求完美为目标；这个过程本质上依赖建设性的反馈，以及每个参与者在逐步改进的同时，接受这种反馈的能力；只有这样，才能构建一个合适的环境，在这个环境里可以培养不同观点，并通过反思这些观点来总结出共同的经验教训。

有意义的合作，就是要从围绕一个共同目标的不同观点中学到东西：要接受观点间的分歧和融合。与某些领导模式相反，这样可以避免微观管理对创造力的扼杀，以及避免过度重视所谓具有"创新思维"的哗众取宠的行为，而忽视了真正具有创造力的认真劳动。

2004年出版的《电影导演大师课》(On Film-Making)一书记录了导演亚历山大·麦肯德里克(Alexander Mackendrick)是如何评价合作的艺术的。合作是电影制作行业中自然而然的行为，麦肯德里克在书中强调，连接想象力和创造力时，这种合作的艺术是很重要的：

> 我发现学生们最大的缺陷……不是缺少想象力，而是他们不知道该如何自律地付出努力以发展丰富的想象力……那些只说不做的人喜欢用分析来代替创造力。但是，描述你想要达到的效果，永远不能代替为实际创造这种效果而付出的令人精疲力竭的劳动。实操是唯一的、真正的训练。[31]

如果你希望自己的作品有意义，你就必须首先养成产出的习惯。在这个过程中，可能会有成功、有失败，但这意味着你从中学到了失败的意义，这样下一次就会少失败一点。类似地，任何成功的合作都需要接受这一点：持续的努力和投入也可能产生不完美，只有接受并反思这种不完美，才能进行有目的的改进。思考反思框6.4中的问题。

反思框6.4

- 与别人分享自己的作品，对你来说意味

着什么？

● 什么样的反馈会让你觉得感激，什么样的反馈会让你发愁？

● 你会如何给别人有意义的、建设性的反馈？

上面这些问题是指导、咨询和促进完善的重要元素：这个过程旨在帮助人们理清和深化概念——关于什么是重要的以及它为什么重要，并提供机会来进行建设性的反思和改进。针对这种情况，有一个经常使用的技巧——积极倾听，由以下几个部分组成：

● 聆听别人所说的话，并通过姿势、眼神接触和非语言信号（比如微笑、点头等）来表明你在仔细倾听。

● 不要打断别人，要让别人把话说完，同时尝试尽量充分地理解他们，而不是用"嗯""啊"填补话语间隙。

● 如果你感到困惑，可以问一些具体的问题来明确你的理解；或者提问开放式问题，让别人详细阐述他们的想法。

● 在别人发表完意见之后，总结你对他们的理解，如果需要的话，可以让他们纠正你错误的地方并做出补充。

这四个部分合在一起，可以成为深入理解别人观点的有效方法。它们帮助你积极地面对反思和别人的反馈，并将这种积极影响传递给其他人，而不是对此感到恐惧。[32] 尤其是在线上交流的时候，这种开放和专注是成功沟通的关键。尤其是：

- 当某人难以清晰地表达意图时，比如在远程会议上，可以要求他回答开放性的问题，以阐明他的想法、感觉或假设，这样做会很有用。

- 不同沟通方式的结合可以有效发挥团队的最大作用。可以考虑混合使用同步场景（实时交互，比如当面交谈或实时聊天）和非同步场景（非实时交互，比如通过电子邮件、共享文档或社交媒体小组进行交流），让具有不同交流偏好的人都可以参与进来。

- 不仅要强调共同目标和共同价值观，还要强调建设性的批评，其重点并不是"你的发言这里或者那里有问题"，而是"我认为我们可以用这些方法把它做得更好"。

涉及创造力和合作时，不要因为觉得别人针对你而感到生气。评价是对事不对人的，它针对的是你的发言，而不是你本人。一旦你学会了不从个人角度接受这些评价，就可以平心静气地把它们当作信息而不是批评，并利用它们改善自己，以达到自己的目标。

归根结底，创造性作品的成败并不取决于作者创作它们时的意图，而是取决于特定受众对它们的反应。这种评价方式可能会让作者感到可怕、不公正或太过武断（或者兼而有之），但同时这也是一个很公平的衡量方式。没有人能够控制别人对他们作品的反应，无论他们有多么成功或多么天赋异禀。唯一可以确定的是，那些不创造作品的人，永远不会获得创造的回报；并且，如果创作过程的质量足够高，我们就都可以期待自己的作品能带来有价值的成果。

总结和建议

- 想象是一种个人的、主观的创作行为。创造力是想象力的应用，因此创造力是可以被教授和改进的。

- 不要把创造力当作人们天生就有或没有的东西。要把它当作一个所有人都可以拥有的、能够被后天培养的能力。

- 发散性思维意味着各种思想和可能性的自由流动，收敛性思维专注于发展一个特定的观点，而舍弃其他的想法。

- 一个成功的创造过程需要在发散性思维和收敛性思维模式之间不断转换，让这两种思维模式在不同的时间和空间轮流发挥作用。

● 埃坦·布加勒斯特的六步模型提供了一个应用实例，说明了什么是成功的创造过程，从识别兴趣到回顾知识，然后是娱乐性试验和记录发现，最后是研究背景和思考反馈。

● 不要将工艺和创造混为一谈，也不要认为创造性思维只适用于艺术领域。创造性思维支撑着从科学研究到日常生活的一切。

● 不要认为创造性的工作必须是开创性的或突破性的，没有所谓的完美的创新。对于一个问题，新的见解、变化或看待问题的新视角都可能是有意义的、创造性的贡献。

- 成功的合作与成功的创造过程存在一些共同之处，比如接受不完美、反馈和不断改进。
- 有意义的合作，就是要从围绕一个共同目标的各种观点中尽可能汲取益处和灵感。
- 积极倾听展现的一系列有效技巧，能够帮助我们更加深入地了解他人的观点、探究自己的观点。
- 只有真正投入到工作本身中去，才能学到许多宝贵的经验。也许对所有任务来说，完成它们的唯一保证就是找到方法来克服遇到的阻碍，从找到方法开始，然后不断推进。

7

关于数字：
别让统计数据骗了你

探究数据背后的故事

所有的数据都是被"做"出来的,而不是被"找"出来的。也就是说,如果你不了解数据的形成过程,就很可能陷入统计陷阱。

让我们举一个非常直观的例子:一个国家的人口。我写下这段话的时间是2020年7月14日,星期二,12点57分。英国现有多少人口?这一问题的含义十分清晰。一个国家的人口通常被定义为它的居民总数——居住在该国的人数,国外访客是不包括在内的。那么,我想知道在此时此刻这样一个确切的时点,英国人口的总数是多少。

对这个问题来说,正确答案一定存在。如果我能以某种方式冻结时间,详细地扫描这个国家的每一寸土地,理论上来说我就能得到这个问题的答案。考虑到我并没有这样的能力,我只能把问题输入搜索引擎,然后点击某个信息来源,以便获得最新的统计数字。例如,我或许会点击进入英国国家统计局(Office for National Statistics, ONS)的网站。然后,统计局的最新报告会告诉我,英国的人口为66796807人。太棒了!我已经找到了我想要的答案。可事实真的如此吗?

显然，我并没有得到我想要的答案。首先，从我提出问题到现在，英国的人口可能已经发生了变化。在我写下这些话的5分钟里，可能有人出生、有人去世。我在英国国家统计局的网站上进行了进一步的搜索，得知在最近有记录的一年里，英国有721685名活产婴儿，同年登记死亡的人数为593410。这意味着在这一年里，英国人口净增加了128275人：大约每天351人，或者说每分钟0.24人。

然而，这只是平均数据，还没有算上抵英和离英的移民人数。据估计，这一年里通过移民进入和离开英国国境的人数分别为609308和378774人，也就是说通过移民，英国人口净增加230534人，大约每天632人，或者说每分钟0.44人。总的来说，英国似乎平均每分钟会增加0.68位新居民。也就是说，就在我写作的5分钟时间里，英国的人口又增加了3.4人！

我是否越来越接近事实真相了呢？并不是。抛开把每年的人口变化平均成每分钟的人口变化这种荒谬的算法不谈，还有两个重要问题我没有考虑到：66796807这个数字是什么时候得出的？又是如何得出的？考虑到上文提到的因素，这一数字几乎不可能是准确的。但作为一个估计值，这个数字又精确得可怕。这到底是为什么呢？

英国国家统计局网站显示，这一数字是在2020年6月24日发布的，是对2019年6月英国人口的估计值。换言之，就在我写这一章的时候，这一数字已经是一年多以前的统计数据了。但即便如此，这也已经是最新的详细信息了。英国国家统计局是如何得出这个数字的呢？这是其官方账号中的一段描述：

> 取参照年的前一年6月30日的常住人口，按照年龄进行计算（即取前一年的英国人口数据，在每个人的年龄上加1岁），在次年6月30日之前的12个月内出生的人将被添加到人口中，而在这12个月内死亡的人数则被移除……涵盖的其他因素还有抵英和离英的移民流动（国际移民）和英国国内各地区之间的流动（国内迁居）……一些人口亚群（sub-group），如囚犯和武装部队（包括英国的和外国的）则是另外估算的。

这可能比你我以为的人口估算关注了更多的细节。我一开始只是想寻找英国目前的人口数据，最后得到了一个13个月前的相对准确的数字，以及许多和这个数字有关的细节，那么我是否有可能自行更新这一数据呢？自2018年中至2019年中，英国国家统计局的数据显示，英国人口从66435550人增加至66796807人，增幅为0.54%。如果我假设下一年的增长率也为0.5%左右，那么目前的英国人口可能更接近6710万（在十万位取整）。

哦！我终于对英国目前的人口有了一个粗略的估计。这个数字并不精准，但足以满足我无聊的好奇心，而且与我第一次在搜索引擎中输入这个问题时得到的答案差别不大。那么，我为什么要在意上文提到的那么多细节呢？这些细节除了用于人口统计之外，还会在别的什么情况下出现吗？

答案是在大多数情况下很少出现。然而，了解统计数据的产生过程可以帮助我们明确数据的含义，评估那些基于数据得出的推断是否合理。要想知道原因，可以仔细观察一下表7.1。该表包含来自英国国家统计局网站的完整数据，接着是基于这些数据的5项论断和一些相关的问题（问题详见反思框7.1）：

表7.1 英国人口变化数

	2019年中	2018年中	5年平均
出生数	721685	743933	756862
死亡数	593410	622944	602116

续表

表7.1 英国人口变化数

	2019年中	2018年中	5年平均
自然变化数（出生数减去死亡数）	128275	120989	154746
国际移民（抵英）	609318	625927	618517
国际移民（离英）	378804	350934	337230
净国际移民变动	230514	274993	281291
其他	2467	-683	3973
总计	361256	395299	440011
百分比变化（%）	0.54	0.60	0.67

资料来源：英国国家统计局、苏格兰国家记录、北爱尔兰统计研究局的人口估计数据。

1. 2019年，英国的人口比2018年增加约36.1万人，这个数字相当于出生人数与死亡人数的差值。

2. 据统计，2019年有超过60.9万移民来到英国。与此同时，出生人数仅比死亡人数多出12.8万。移民数量几乎比英国本土人口的自然增长数量多了50万！并且在未来几十年之后，移民数量将会占到英国人口的大部分。

3. 你知道吗？在英国，每天都有1626人死亡，1038人离开这个国家。

4. 英国人口每年增长约0.5%，目前为66796807人，到2030年这个数字将达到70212804。

5. 英国的人口增长更多来自于抵英移民，而不是本土出生人口。

反思框7.1

● 你觉得上述5个说法合理吗？或者在多大程度上具有说服力？

● 如果一个人对上文提到的统计数据的隐藏细节一无所知，他会如何看待这些说法？

● 这些说法是否准确地分析了英国国家统计局统计数据？它们是否被歪曲或误解？

你可能已经猜到了，上面的说法中没有一个是完全准确的，甚至有几个是错误的，可能会严重地误导我们。以下是我对这些论断的分析：

1. 第1个说法是完全错误的：英国人口的增长数并不是出生数减去死亡数，因为还需要考虑到抵英移民数的数值减去离英移民数的数值（英国人口增长的361257人包括净移民变动的230514人）。

2. 第2个说法不仅错了，而且极具误导性。虽然有609318人移民进入英国，但也有378804人移民离开英国。我们需要找出"英国本土居民"在抵英和离英的移民数里占的比例,才能分析移民占英国人口比例的长期变化趋势。类似地,这一年英国有712685人出生,593410人死亡。同样,我们不知道这些人中"英国本土居民"的比例是多少。在这个说法中,所谓的"英国本土居民"一词本身没有定义,具有一定的迷惑性,还带有不必要的种族主义色彩。此外,这个说法的数学计算也是错误的:每年50万的来英移民若要成为英国人口的大多数,所需的时间要远远长于所谓的"几十年"。我们还需要调查英国现有人口的构成,以及来英移民和离英移民的构成,才能真正地分析人口构成变化。

3. 第3个说法给出的数字确实是一个准确的平均值,但它们并不是"每天"实际情况的准确数字,这种说法会造成误解。在一年中的不同时段,死亡人数和离英移民数都会有很大的波动。此外,在未知出生人数和抵英移民人数的时候,这样说有可能被视为所谓"英国人口正在减少"的证据(这个说法是错误的)。

4. 第4个说法采用一个大致的增长率进行递推,以预测未来10年的英国人口,这样的做法并非完全不合理,但其所得数据的精确程度是完全不合理的。用一个精准的数字预测一个国家10年后的人口是有误导性的,因为这种精确程度不可能达到。更好的说法应该是："如果目前的增长趋势持续下去，10年后英国人口数量可能会达到7000万左右。"此外，这个说法使用的原始数据实际上是2019年中期的英国人口，如果要往后递推10年，实际上应该是预测到2029年的英国人口，而不是2030年的。

5. 第5个说法基本上是准确的，但也有潜在的误导性。它的问题在于，虽然英国最近的人口增长在某种意义上是抵英移民的结果，但英国每年的出生数仍多于抵英移民数，只不过是因为死亡数远多于离英移民数，才出现了第5个说法所述的情况。如果想更准确地说明英国人口变化的这一情况，应将"净国际移民变动"(抵英移民减去离英移民)与"自然变化数"(出生数减去死亡数)进行对比。

你的分析与我的有什么不同？你是否相信了这5个说法中的任何一个？如果是的话，你现在改变想法了吗？[33]

了解常见的统计数据误用

"数据"(data)和"统计"(statistics)这两个词有时可以互换，但更好的做法是将"数据"看作原始的信息材料，把"统计"看作对这些材料进行处理和分析的结果。首先，数据是通过观察或测量产生的。其次，这些数据会被处理并被放入一定的语境中，来产生统计上的论断——在这个过程中可以基于特定目的操纵数据，也可以在数据中嵌入大量假设。

例如，在人口估算方面，上文并没有提及最关键和最有争议性的部分：通过人口普查建立原始数据。在英国，人口普查每十年进行一次，普查时会向英国的每个家庭发送详尽的调查表，法律规定每个家庭都有义务去填写这张表。根据人口普查的结果，可以更新人口估算（包括职业、种族和年龄等细节）的信息。但重要的是，即使是最细致的人口普查也不能涵盖所有人，可能会漏掉那些可能无法答复或不愿答复的人，比如无证移民。

一般而言，采用最严格和有效的方式处理数据能够减少对数据的滥用和误解，能够明确原始数据中存在的缺失和不确定性，并消除潜在的错误。因此，英国国家统计局除了进行主要的英国人口普查外，还要进行"人口普查覆盖率调查"（Census Coverage Survey）和"人口普查质量调查"（Census Quality Survey）。英国国家统计局会从总体人口中仔细选取样本，对他们进行重新调查，以评估人口普查漏报的可能性和分布，以及调查表的答复中可能出现的错误。对于普查结果的每一项，有几十种可能会形成误导或歪曲的情况需要小心避免。

正如1907年发表的《马克·吐温自传选集》(*Chapters from My Autobiography*)中所言:"世界上有三种谎言:谎言、该死的谎言、统计数据。"马克·吐温幽默地声称:"统计数据是最恶劣的谎言,因为它们会伪装成客观事实。"人们很容易认为统计数字是对世界的公正衡量,但事实并非如此。请思考反思框7.2中的问题。

反思框7.2

- 你能举一个你遇到过的统计陷阱的例子吗?
- 为什么会存在这样的统计陷阱呢?
- 如何才能更准确、更诚实地探究某一特定数据?
- 与谬误思维或混乱思维类似,当人们更关心"取胜"而非"事实",或者当他们忽视某些关键的不确定性和复杂性时,对统计数据的解读往往就会变得不可靠。特别值得注意的是下面这些信号:

(1)诸如"高达……"或"多达……"这类的短语。有的人会通过这种表达方式强调数据范围内的最大值，以便最大限度地迷惑受众。例如，所谓"年回报率最高可达50%"的投资实际上保证不了任何回报。

（2）诸如"仅仅"或"……起"这种表示数据范围内的最小值的短语也是同理。所谓的"全场一元起"，可能意味着数千件物品中只有一件这么便宜。

（3）只关注一个现象中的特定元素，而实际上需要把这个现象视为一个整体进行分析。例如，仅仅通过出生率来描述人口变化，这显然是不合理的。

（4）用不当的精确程度来制造虚假的辩论：类似经济增长这样的统计数据经常被精确到分钟进行讨论，但事实上这种统计的数据基础就不够精确，因此也就没有太大意义。

（5）比较两件不同的事物，假装它们具有可比性或存在简单的因果关系。例如，家庭债务和国家债务是两个不相关的概念，两者的衡量方式不同，不具有可比性，但政客们经常将它们进行比较，以便在言辞上取胜。

（6）利用可视化数据进行误导。比如那种横纵轴原点不是"0"的图，或者扇形图表所占的面积与它们所代表的实际占比不成比例等。

（7）在统计中使用数百万或数十亿这样巨大的"总数"蒙骗受众，却不去有效地分解这些数字。例如，增加数百万英镑的教育支出听起来很棒，但实际上每所学校只能分到几千英镑。

（8）误导别人关注百分比变化而不是绝对值变化，反之亦然。例如，所谓"全球智能手机的数量在20年内增长了百分之一百多万"能表达的有用信息其实并不多。然而，知道一个国家的GDP增长了2%可能比知道它增长了10亿美元更有用，因为我们无法判断10亿美元的增长对于该国的GDP来说是多还是少。

（9）一味强调脱离情境的、看起来很耀眼的数据。这些数据就像病毒一样四散传播。尤其是在社交媒体上，这些数据往往都存在歪曲、编造的情况，或者至少也是有目的地简化了实际上复杂得多的事情，并且几乎无一例外。

尽管我们眼前充斥着大量误导性信息，但理论上来说，我们可以利用触手可及的资源轻而易举地消除这种混淆视听的现象。你所需要做的，就是挖掘隐藏在数字背后的东西，或者看看那些值得信任的人已经挖掘出的成果。

我们已经认识到，英国国家统计局既准确地解释了其统计数据所描述的内容，又展示了统计数据背后的方法和背景。换句话说，其统计分析过程极其透明，所有值得信赖的统计数据都应该具备这样的透明度。当某项统计论断越不透明且检验或重复其背后的分析越困难时，你就越应该谨慎地对待这一论断。

当数字没有相应的解释或论证时，它就像一条没有证据的断言：我们无法对其价值进行任何有意义的评估。相比于其他形式的推理，评估统计数据的质量、准确性和局限性可能更具挑战性。

这意味着我们需要审慎地制定关于统计数据透明度的框架，设置数据情境，以使这项数据变得真实和有用。借用哲学家奥诺拉·奥尼尔(Onora O'neill)的一句话：仅仅有透明度还不够；如果追求透明度需要涉及大量去情境化的数据，那么甚至可能会产生反效果。我们需要的是一种明智的公开形式，信息的提供应遵循以下原则：

- 可获得性，即可以通过便利的渠道获得该数据。
- 可评估性，即允许使用者检查该数据的可靠性。
- 可理解性，即数据呈现的方式有助于受众理解。

◉ 可使用性，即允许人们自行使用该数据。

综上所述，这些建议能够帮助公众更好地对待统计数据。正如奥尼尔2002年在"里思讲座"(Reith Lecture)上的发言——《信任问题》(A Question of Trust)中所言：

> 全球透明和完全开放并不是建立或重建信任的最佳途径。我们之所以信任或不信任，不是因为我们是否手握大量的信息（信息并不是多多益善的），而是因为我们是否可以追踪到特定信息和观点的来源，并检查其准确性和可靠性。良好的信任产生于积极的质询，而不是盲目的接受……因此，如果我们想要构建一个可以互相信任的社会，就需要寻找方法以便于能够积极质询彼此的观点。[34]

可信度同样取决于"获取信息的途径"和"评估这些信息的可靠方法"。但是在这个时代，传播虚假信息毫不费力，这两者却都不是触手可及的，最终还是要依靠我们积极挖掘信息的能力——挖掘信息的来源与处理方式、信息所体现的假设、价值观和盲点。这些都是影响信息有效性和完整性的要素。

概率、可变性和代表性

正如奥尼尔所言,信任与可靠性的建立需要积极质询并将论断付诸实践。一般来说,有用且可靠的统计数据:

- 是基于权威或可靠的来源或方法而得出的;
- 能够提供受众可接受的、明确的、准确的信息;
- 提供的信息具有重要性和相关性,且属于我们需要的情境范畴;
- 提供的信息是我们能理解的,且我们有兴趣对其进行分析。

例如,权威媒体所载"最近英格兰超级联赛的一场足球比赛的结果"就是一种可靠的数据,它一目了然,以至于说它是数据都可能有些奇怪。它详细地描述了我们感兴趣的内容,我们确定它是准确的,它所表达的意思也很清楚。

相比之下,"X队在比赛中的传球次数"则稍微复杂一点。理论上而言,任何能看到比赛录像的人都可以核实这个数据。要定义或者讨论这个数据很容易,但检验起来就稍微有些困难。很多公司会根据赛事观察员实时记录的数据,生成足球统计数据:射门、犯规、传球、抢断、助攻等。由于人为统计可能存在误差,或不同的人解读不同，统计数据可能也会有所不同，但在将原始观测数据转化为官方统计数据方面仍存在高度共识。

更复杂一点，我们可以根据球员的平均服务年限来衡量他们对俱乐部的忠诚度。不同于得分或传球这种被明确定义的、离散的事件，"忠诚度"没有具体的衡量标准，并不等同于"球员在俱乐部服务的平均时间"。专家们可能会认为这种衡量方法太粗糙，因为还有一些因素没有被考虑到，比如青少年训练营、球员离开又重回俱乐部、教练和经理的服务年限等。因此，尽管从球员平均服务时间中得出的数据不是毫无意义的，但它究竟能传递哪些信息仍有待讨论。

再复杂一些的话，如果我们尝试去衡量"拥有一家超级联赛足球俱乐部给地区带来的经济效益"这个问题，该如何着手呢？一种方法可能是观测所有拥有超级联赛俱乐部的地区，并将该地的经济情况与没有俱乐部的类似地区进行比较。另一种方法可能是观察一个特定的地区在拥有俱乐部前后的经济情况变化。还有一种方法是量化该地区经济中受足球影响的有关部分。

所有这些方法都不完美，一部分是因为很难厘清"拥有一家足球俱乐部给地区经济带来的影响"和"地区一开始促成俱乐部成立的经济条件"之间的关系。一般来说，当遇到类似"X的经济效益是什么"这种问题，我们通常认为X的影响是特定的、可衡量的。但这一问题与记录足球传球次数不同，不能简单地雇用一群人去加总"该地区经济中受俱乐部影响的部分"。这让我们总结出两点结论：

- 几乎所有的统计数据都不足以反映我们想要讨论的现实情况。
- 因此，关键在于我们如何理解现实与统计数据之间的差距。

这两个观点可以被概括为"可变性"，即当我们试图从数据中提取统计意义上的论断时，所有事物都会因时间、地点和情况不同而变化。例如，英国的人口就是一直在变化的。因此，我们得出的任何人口数据都只能是某一特定时间点的估计值，所体现的是特定时间和特定地点的观测结果。这意味着无论我们的方法有多么详细或复杂，我们得出的结论也会有不准确的情况。

同理，一个国家的经济规模、该国企业的生产率、该国公民的偏好等，从来都不是固定不变的。事实上，在物理学等领域中，即使是最基础的研究，也必须考虑到所有微小的变化，并需要尝试减少这种变化的干扰。采用的方法往往是控制变量：耗费巨大的精力以保证两次实验所处的条件相同。

上述内容体现出的问题对几乎所有统计调查都很重要：我们的调查和测量得到的数据，在多大程度上能够"代表"我们感兴趣的事物？以及我们在多大程度上能够意识到这种"代表"的局限性？

换句话说，好的统计数据采用的样本，应该最大限度具有代表性。例如，如果你想了解经营一家大公司的经验，随机采访100名首席执行官可能会让你总结出一些有用的见解，但在街上随机采访100个路人则没什么参考价值。相反，如果你想找出最受欢迎的餐厅，在当地街道上采访100个路人，可能比随机采访100位首席执行官要有效。

确保一项调查的样本尽可能地具有最大限度的代表性，这听起来很简单，但在实践中却极其复杂。假设你对估算英国目前感染新冠病毒的人数感兴趣，这个数据十分重要，不管是对于判断疾病治疗措施的有效性而言，还是对于怎么做才能在疫情封锁中重启经济而言。但是什么样的估算方法才是最好的呢？得出结果的可信度又有多大呢？

正如我之前所假设的，如果英国政府能冻结时间，再用无人机部队对全国所有人进行准确的检测，就能精准确定感染人数。但既然这种方法无法采用，那么英国政府能做的第一件，也是最重要的一件事情就是参考英国人口情况的最佳统计。也就是说，英国政府需要先审视一下自己对评估对象（即英国整体人口）的了解程度——因为如果不了解你的统计对象，就无法选出一个有代表性的样本。英国约有6700万居民，国家统计局拥有大量关于他们的高质量信息，所以英国政府接下来要做的就是收集数据。

尽管小样本通常会导致结果不太可靠，但最重要的还是过程是否完善，能否得出最具代表性的结果。从精心挑选的几个地点中各选出一个几千人的样本，可能比同一个城镇中的5万人样本要有效得多。

就在我写下这些文字的时候（也就是2020年7月下旬），英国每天大约有16万个新冠病毒样本被送去检测。在过去的7天里，约0.5%的检测结果呈阳性。我们能由此推断出什么呢？相对来说，以百分比衡量阳性结果比用绝对值衡量要更有效，因为这可以帮助我们将当前数据与2020年4月，也就是疫情的第一个"高峰"时的数据进行比较。当时，每天仅进行1万到2万次检测，检测数量比现在低了一个数量级；但那时阳性结果占比高达1/3，比现在高出60倍之多。

如果我们假设这些检测样本完美地代表了英国人

口，那么在我进行写作的这段时间内，英国6,700万人中有0.5%（即33.5万人）感染了新冠病毒，而在4月份时这一比例为60%（即4000万人）。但是，就英国人口总数而言，即使每天进行16万次检测，也不具有代表性。因为几乎所有接受检测的人要么是有感染的症状，要么接触过其他阳性患者。

因此，英国国家统计局开始对随机抽样的人群进行额外检测，以进行所谓的"感染调查"，这样得出的结果更能代表整个英国人口的感染情况，因为随机抽样使得样本不局限于有症状、接触过阳性患者的人群。调查的初步结果显示，在2020年7月20日开始的一周内：

英国有35700人感染冠状病毒（95%置信区间为23700人至53200人）。这相当于英国人口的0.07%（95%置信区间为0.04%至0.10%），约1500人中有1人感染（95%置信区间为1/2300人至1/1000人）。[35]

随着时间的推移，这项研究可能会为英国新冠感染率的计算提供重要参考。不过，这项研究中的"置信区间"是什么意思？

置信区间是研究人员对真实值所处的区间范围在一定信度下的估算。如果95%置信区间表明冠状病毒感染者人数在23700至53200之间，那么从同一个总样本中随机提取不同样本，并重复20次相同的调查，预计这20

次调查中会有19次（即95%的可能性）调查的真实值包含在该置信区间内，有1次（5%的可能性）不包含。换句话说，实际感染人数有95%的可能性位于该调查给定的置信区间内。

上述解释可能听起来太复杂。我们为什么不能简单地说"真实值在23700到53200之间"或"大约是35700"？因为置信区间是表达概率的一种方式。也就是说，置信区间说明统计分析得出的不是精准的实际情况，而是一系列可信度有高有低的模糊参考。英国新冠病毒感染总人数的估算结果可能会以一种看似准确的形式出现在新闻头条上。但实际上，这些数字存在无法避免的不确定性。因此，如果我们希望诚实地传达我们的已知和未知，那么就需要将数据尽可能准确地表达出来。思考反思框7.3中的问题。

反思框7.3

● 你觉得有什么未来事件是可以预测的，且预测有极高的确定性？

● 你觉得未来什么事件不太可能预测，但又并非完全不可预测？

● 要解释以上两个答案，阐明回答的思路，对你来说意味着什么？

下面是我们统计推理的最后一个实践案例，涉及一个很私人的问题——如果我不幸感染新冠病毒，我有多大的可能性因此去世？

由此引出的第一个问题非常简单：一般来说，感染者死于这种病毒的比例是多少？理论上，感染死亡率这一数据已经提供了最准确的概况，因为它直接指出了死亡人数占所有感染者的百分比。然而，就新冠病毒而言，死亡人数和感染人数都很难估计。

在我写下这些文字的时候，也就是2020年8月6日，按照世界卫生组织的记录，全球约1861万例确诊病例中已有约70.2万例死亡，也就是3.8%左右的感染死亡率。但是，正如我们刚刚所说的，确诊病例的数量并不足以代表实际感染病毒的人数，因为检测存在局限性，而且大多数感染者可能是无症状的。同样，"死于新冠肺炎"和"在感染新冠病毒期间死亡"之间也有区别，因为许多阳性患者可能是因为其他原因死亡的，但他们仍会被统计为"因新冠肺炎而死亡"。此外，可能有人确实死于新冠肺炎，但由于检测的局限性，反而没有被计算在"死于新冠肺炎"的人数中。

考虑到上述因素，以及不同国家在检测、计数、卫生服务和人口之间的巨大差异，如果我想准确地回答我最初提出的问题，就需要从深入调查英国新冠肺炎死亡病例着手。幸运的是，刚好有这样一项研究发表在2020年7月8日出版的《自然》杂志上。该研究利用英国国家卫生服务体系的数据，研究了3个月里共10926例与新冠肺炎相关的死亡病例。这项研究十分详细，足以帮助我根据个人情况纠正我对于疾病风险极不完善的初步估计。[36]

这种根据新出现的证据更新统计认知的方法叫作"贝叶斯统计"，它的名字来自于18世纪的统计学家托马斯·贝叶斯(Thomas Bayes)。贝叶斯统计涉及一种看似简单的观察行为。某事发生的可能性可被表示为：

- 我们对其可信程度的初步估计。
- 根据与我们在意的特定案例相关的新证据，做出改动。

最重要的是，这种统计学的思考方式，是将现有知识和新知识结合起来，以对观点进行修正，而不是因为新的证据简单地放弃之前的认知。

作为一名快40岁、身体健康的男性，《自然》杂志的数据显示，性别使我面临的风险比女性高1.59倍；年龄则使我的风险比50多岁的人群少16.7倍，比80多岁的人群少344倍；而我的体重、习惯、种族和总体健康状况等不会造成额外的风险。总的来说，这项研究表明（感谢我还年轻），我死于新冠肺炎的可能性大约是全球的平均"受害者"的17倍。因此，我可以推断：

- 如果3.8%的全球感染死亡率（即每100例感染者中会有3.8例死亡）可以被视作一个粗略估测数据，用于估算某个特定的人在感染新冠肺炎后死亡的可能性……
- 那么根据《自然》杂志的研究，估算我这一类人死于新冠肺炎的可能性时可以将这一比例减少17倍，也就是说在英国，像我这样的人（男性、不吸烟、40岁以下、身体健康）感染死亡的风险经过修正后约为0.2%。

这个估算是非常粗略的，因为它仅仅参考了一项研究和一个不可靠的全球感染死亡率数据，后者几乎可以肯定是虚高的。这一估算没有考虑到感染可能带来严重的长期后遗症，没有评估我实际感染新冠肺炎的可能性，也没有考虑贝叶斯定理的数学方法。不过，纯粹就我个人而言，这一结果足够让我安心了。

此外，这一研究还表明了一个关于概率和不确定性的重要观点：无论是对我还是对其他人来说，都不存在一个固定的所谓"死于新冠肺炎的可能性"。我面临的风险是不断变化的，受各种因素影响，包括当前的医学条件和治疗手段、我的饮食和身体状态、我的精神状态、我所居住的位置和当前的活动等，这些都是会带来不确定性的因素。

通过统计数据，我可以根据已知情况来评估自己。合理的医学研究可以有效地控制条件，帮助我们认识到有哪些可能出现的结果。实际上，随机对照试验的本质就是通过创造特定环境条件，以得出有意义的统计结论。不过，即使这些结论可能会改变我们对一个领域或现象的理解，但它们本质上仍然是暂时的、不确定的：与其说是预言，不如说是根据观察世界建立出来的模型。

通过统计，我们可以用绝佳的方式来拓展我们对事物的理解。我们可以勾勒出现实的走向和可能性——这同时又指导我们重塑现实、重塑自我。但我们必须记住：数据被操纵和歪曲的危险始终存在；面对不断涌现的新知识，我们需要不断更新我们的认知和愿景。[37]

总结和建议

- 所有的数据都是被"做"出来的，而不是被"找"出来的。也就是说，如果你不了解数据的形成过程，就很有可能陷入统计陷阱。

- 透明度是值得信赖的统计数据的关键属性，因此得出特定统计结论的过程越是不透明，就越应该审慎地对待这一统计结论。
- 然而，数据仅仅是"透明"的还不够，还需要根据可靠的信息进行有意义的情境化。
- "明智的公开形式"要求数据应该可获得、可理解、可评估和可使用。
- 所有的统计数据都不足以反映我们想要讨论的现实情况，因此关键在于如何理解现实与其统计描述之间的差距。
- 尤其重要的是，要考虑到数据的可变性：在不同的时间、地点和情况下，一切都会不同。
- 统计分析提供的不是明确精准的实际情况，而是一系列可信度有高有低的模糊参考。切勿忘记概率和不确定性是统计分析固有的特征。
- 置信区间是研究人员对真实值所处的区间范围在一定信度下的估算。
- 所有的概率都是在某些特定的假设框架之下计算得出的，我们需要常常更新这些假设。
- 如果我们对世界的认知没有随着学习而改变，那么一定是某个环节出了问题。

8

技术及其复杂性:
在21世纪背景下

审视"技术"

在21世纪的今天,我们个人和集体生活的方方面面都受到技术的影响,但这并没有让"技术"这个词变得更好理解,无论我们是不是数字原居民 (digital natives)。事实上,我们日常使用的许多系统都被精心设计过,以便在我们有意识的关注之下仍然能够"隐身":这些系统可以绕过我们的理解,操纵我们的感知,或者用轻松的假象掩盖复杂的内部工作机制。

这一章会揭示这些难懂却被忽视的复杂技术的意义:对技术进行审视,并借此更好地武装自己,探索21世纪的棘手挑战。不过,首先我们需要回答这样一个问题,以挖掘数字技术光鲜亮丽的表面下藏着什么:从机器的角度看世界,意味着什么?

遇到这样的问题时,最重要的是要避免常见的谬见和误解,这些谬误始于我们使用的语言。目前的机器无法像人类那样观察、思考或理解这个世界。人工智能是科技术语中使用最广泛、滥用最严重的词语之一,它实际上和人类的智能毫无相似之处,只是涵盖了各种类型的算法,这些算法更接近于统计数据而非人类认知。系统的"聪明"与人类的聪明不同;计算机内存更是与生物记忆大相径庭。而且，如果一个人试着同时处理几件事情，他既不是在计算，也不是在进行流程处理，更不是在进行多线程工作。总之，人类智能的机理完全不像这些科技术语所描述的那样。

使用语言是很重要的，因为世界观只有通过语言才能表达出来。你是否从事过临时工作，参与过共享经济或使用过云计算？如果这些事情被形容为无保障的临时劳动、几乎不受监管的线上资产、挤满服务器的巨大堡垒，你是否会有不一样的感觉？

这次我会避免使用像"看……"和"从……的角度"这样的句式——它们含有将机器拟人化的意思，重新更精确地表述我的问题：人类和机器处理信息的方式，有哪些本质上的区别？

最明显的不同在于速度和数量。计算机运行的速度比人的计算速度快几十亿倍，它可以不知疲倦地、无穷无尽地处理数万亿字节的数据。现代机器的繁荣发展依赖于无止境的连通，也就是依赖于信息的海洋，以及数据流重复不断的无限延伸。人类的惊人天赋则展现在处理少量数据时，实现联想思维和想象力飞跃，展现创造力和批判性参与的能力。

同样地，虽然机器可以回答问题，但只有人类才能把客观世界转变为主观的问题和理解,而且只能在特定情况下做到。人们在机缘巧合、社交活动、多样化的环境和有意义的工作中不断成长。把人当作机器来对待,相当于扼杀人的潜力,这种做法是在贬低人类的尊严、限制人类的自由和格局。而把机器当作人来对待,则是在放纵"一切皆可拟人"的幻想。以下是人与机器的一些区别:

- 信息技术可以快速处理大量信息。
- 它们在不断的连通和重复中学习成长。
- 当提及数据和机器时,丰富的数据和高端的机器往往更好。
- 与机器不同,人类是在少量有意义的信息中进步发展的。
- 最佳的人类思维往往需要多样化、劳逸结合和明确的目的三个要素。
- 同样,人类也会因想象的、创造性的和批判性的参与而进步。
- 机器可以永不停歇地提供答案、识别模式、扩大流程规模。
- 只有人类的头脑可以产生有意义的问题和理解。

还需要添加什么吗?我的提问还有误导性吗?

首先，我们需要摒弃那些暗示，比如"人类和机器之间必然存在竞争"或"人类和机器之间的差异将自动转化为对立"。人类的许多大脑活动都是有意识的，并且人类的思维活动并不只与大脑有关。

实际上，人类思维并不由肉体束缚或定义。从地图，到钟表，再到手机，无数的发明和机器形成了我们的身份认同，增强了我们的自我认知。同时，如果没有人类来确定它们的使用目的，这些机器就会失去方向和目标。即使是最复杂的工具，究其本质也不过是创造者意图的延伸：复杂的人工制品，也不过是在坚守创作者赋予它们的使命。[38]

换句话说，所谓技术，就是我们一生都在与之对话的东西。它是我们的社会和身份的一部分，构成我们的恐惧，同时又将我们联系在一起。只有与技术打交道，我们才能清晰地看待和评价我们的创造力。

思考反思框8.1中的问题。

反思框8.1

- "技术"这个词，对你来说意味着什么？
- 你认为在你生活中最重要、最有用的技

术是什么？

- 你会给过去的自己什么建议，以充分地利用技术的力量？

被编码的偏见与假设

我常常思索这个问题：当人类还在为做一项决定而绞尽脑汁时，彼此联通的系统却可以在相同时间内制定出数十亿个决策。那么，当这些系统渗透进我们的世界后会带来什么？我认为，这首先意味着人类在对系统的设计、数据管理和监管等方面做出集体决策后，还必须承担其巨大的连锁后果。

自动交易系统可以在一眨眼的时间里从全球证券市场抹去数万亿美元，自主式武器系统可以毫不犹豫地执行摧毁城市的命令，就像搜索引擎执行一个查询任务一样。医学诊断系统可以在两万张图像中识别癌症的早期迹象，而相同时间内一个人类医师或许只能看完一张。然而，以上操作对于执行它们的实体本身来讲没有任何意义。所有重要的思考，诸如理解、阐述意义、评估目的和影响等，只能发生在人类的头脑中。

我写下这些话的时候，是2020年8月23日，星期天。眼看这本书的截稿日期将近，我不得不在周末继续工作。环顾周身，在诸多由新冠病毒大流行催生出的事件之中，一个与算法有关、出人意料的丑闻还在持续发挥着影响力。

具体来讲，这场丑闻涉及一套由英国政府批准的算法，用来生成考试成绩。这一决议堪称史无前例，但疫情当前，也只得如此。受疫情的影响，英国学校被迫封锁，学生都没法参加考试，但考试成绩又十分重要，不管是为了评估学业，还是为了决定未来升学或参加工作。于是，这套算法就被编写出来，用于生成考试成绩的替代结果，其具体过程如下：

1. 在英国，正常的学年中，老师会为每个学生的每次考试提供一个预测成绩，以便学生拿着成绩申请大学、找工作等。

2. 此外，对所有参加考试的学生，老师们还要将他们可能的成绩按照从高到低的顺序排列，从而得到每所学校每门学科所有学生的完整排名。

3. 然而，该算法并没有使用上述方法。该算法首先考虑过去三年内每所学校在每门学科上的综合表现，然后根据学生的在校排名，以及他们在不同学科上的历史成绩范围为其分配一个分数。这样就避免了所谓的

"学分通胀"现象，不然的话，老师可能在预测成绩时过于宽松，导致评分高于往年。

4. 为避免数据不充足导致结果不可靠，该算法还做出了一些调整，如果一个学校某科目报考学生只有5到15名，那么过去三年综合表现的权重会变小。而一旦选课人数低于5，那么老师的预测成绩就将是学生的最终成绩。

这套系统实际运行起来是什么情况呢？如果一所学校在过去三年里，每年数学都只有一人拿到A，那么该算法就会阻止老师在今年给出十多个A。即使这所学校的数学老师预测今年会有十多个A，为了使结果与往年一致，这些得A的人的分数也都会被调低。但在综合、全面的统计工作保障下，没有哪个地区、种族或性别的（平均）成绩会差于往年。

换句话说，最终结果经过精心设计，试图根据往年整体数据分布体现"公平"。为了实现这一目标，学生的成绩被视为学校的产物，而非个人努力的结果。你如何看待这样一个系统及其可能的影响？思考反思框8.2中的问题。

反思框8.2

- 你能想到上述系统可能存在什么问题？

● 这种算法可能有利于什么样的学校和学生？

● 什么情况下，人们会觉得这种算法不公平？

2020年8月13日，英格兰、威尔士和北爱尔兰三地公布了由该算法计算出来的高考 (A-level) 成绩。在算法处理下，大约40%学生的最终成绩都低于老师的评估。由于许多学生之前就知道自己的预测分数，并以为自己的最终成绩能达到这个预测分数，能进入心仪的大学，因此公布的结果瞬间引发了公众不满，一些年轻人甚至走上街头，加入到反算法游行队伍之中。

这种失望可以理解，学生们没能在考试中尽自己最大努力，以证明自己的水平，反倒是被分配了一个成绩。但这个体系真的不公平吗？

要回答这个问题，可以先想象一下：如果你就读于低于平均水平的学校 (贫困地区常见的那种学校)，过去三年里这所学校没有人能在高考数学考试中获得高于C的成绩，但今年新校长雄心勃勃，领导学校表现得更好，而你是一名天资聪颖的未来数学家，收到了顶尖大学的录取通知书，只要你拿到A就可以去那里学数学。于是，你努力学习，老师也信心十足，预测你会得取得A，把你排在当年的第一名。然而，这都无济于事，因为C已经是这个学校的学生历年来能在数学上取得的最好成绩。因此，算法几乎肯定会给你一个C。

在这个算法中，个人命运完全取决于历史和环境。学生如果就读的学校不好，就很难超越自己学校的历史成绩。如果你的学校历届总有几个学生的数学成绩是最差的U，那么假如你恰好排名倒数几位，不出意外的话你也会得到一个U，即使你的预测成绩可能是C或D。

然而，如果你就读的学校成绩斐然，那么相对的，你的成绩也不会太差。也许数学成绩排名前十的学生都会自动得到A，即使是成绩最差的学生也能得到C。而如果你学习的科目很少有人选，或就读的学校规模较小（这两种情况可能只会出现在昂贵的私立学校，而不是大型的公立学校），那么老师的预测基本上决定了你的成绩。

总的来讲，算法的整体结果与过往年份、未来趋势大体一致，因此你可以说算法系统是公平的。但正如我在第3章中提到的，对于"公平"的含义始终充满了激烈的争论；况且，这种特殊的公平与一些根深蒂固的假设相冲突。

结果还没过一周，政府就宣布放弃算法生成的结果，取而代之的是使用教师预测的分数。这与其说是统计学意义上的调整，倒不如说是迫于政治压力。但这确实表明，人们已经认识到用算法来维护学术标准的行为伤害到了普遍认知，即考试成绩应与个人潜力和实际表现挂钩。

有趣的是，最终40%的学生没有达到预测成绩，这一结果并没有想象中那么糟（与"正常"年份差别不大）。实际致命的一点在于，这种算法评估明显地、不可调和地固化了现有的不平等状况，并且几乎没有申诉、纠正或讨论的余地。

除了学校历史成绩以外，尽可能降低其他因素的可变性导致努力和成绩之间的联系被打破了，而这种联系本来正是给考试对象的奖励。出身优越的学生被不合理地集体嘉奖，而弱势群体则受到不合理的惩罚，杰出个人的努力只能湮没于人海。正如作家兼播音员蒂曼德拉·哈克尼斯（Timandra Harkness）在8月18日的一篇文章中所说的那样，这种算法评估：

> 更像购买汽车保险，而不像参加一场需要准备将近两年的考试。只要输入邮政编码、品牌和型号，就可以预测申请索赔的可能性，以及相应的保险费。[39]

以上我提到的算法模型，只是众多算法中的一个。这个例子强调的内容与数学家汉娜·弗莱（Hannah Fry）在2018年出版的《你好，世界：机器时代如何为人》（*Hello World: How to be Human in the Age of the Machine*）一书中所剖析的相同，即想要公平且成功地应用一项技术，就需要对该技术试图解决的问题进行伦理性的、批判性的阐释，并认识到其输入信息的局限性。她指出："把算法当作折射现实世界的镜子不是一直有用的，尤其当这面镜子反映的现实不过是几个世纪以来的偏见时。"[40]

对于上面这个有关考试成绩的算法，弗莱（在推特上）简要概述了它在运行中的不足之处：

- 指望像变魔术一样解决无法解决的问题。
- 解决方案太过复杂。
- 内在偏见。
- 过分相信程序算法。
- 完全不透明。
- 难以提请申诉。

你怎么看待这六点不足之处呢？可能你已经注意到了，它们中的大多数实际上并未提及算法本身，而是描述了人们的态度和期望、透明度结构和算法诉求。换句话说，这反映了一种错误认知，认为这个极其复杂的问题("如果2020年英国学生能正常参加考试，他们会得多少分？")可以由机器解决，只要让机器去回答一个简单得多的问题("给定每个学校的学生排名，根据学校过去三年体现出的成绩模式来给学生打分")；而且认为这种解决方案只需要最低程度的问责和解释。

这个问题的严重性已经不仅仅是考试成绩的事情了。事实上，这个事件最引人注目的部分不是它糟糕的结果，而是该丑闻登上新闻头条后，政府态度被迫180度大转弯。

在事物运转的正常秩序中，很少有人会留意或感叹无意识的过度简化和不公正。每天都有成千上万份简历因为种族、性别和阶层而不是个人能力，被排序和筛选掉。搜索引擎重复加深着世间方方面面存在的偏见，从种族、性别到职业、犯罪率，机器学习系统也是如此。过去，如果在网络上搜索"高地位职业"的照片，中年白人男性的形象总会霸占屏幕。信用评级系统和贷款审批系统背后的大数据分析也存在着偏见，这可能会导致某些具有特定背景的人的申请成本远高于其他条件一致的人；用来训练人工智能系统的文本库和图像库也在传递着各种偏见，例如职场上的性别歧视、身材歧视等。[41]

要想使一桩丑闻引发大众的愤怒，必要条件之一是让那些未经历过结构性不公暴露于众。

荒谬的工具中立论

以上讲了这么多,并不是想说明技术是"坏"的,也并不意味着因为技术能提高人们的生活质量,所以它就是"好"的。相反,上述内容想要强调的是,脱离开发、设计过程和应用情况来评价技术是荒谬的,将世界视为一系列有待技术来解决的问题是危险的。我们怎样才能做得更好?思考反思框8.3中的问题。

反思框8.3

- 对你来说,善用技术意味着什么?
- 你最欣赏和喜欢哪些技术呢?
- 哪些技术最让你担忧?为什么?

尽管我在上文中对技术提出了批评,但信息时代的技术是不可选择的,它们也是一份巨大的礼物,是历史上最伟大、影响最深远的发动机,能够推进研究、调查、解释和智识强化。如果使用得当,计算机技术可以带来全新的力量、协作和理解,可以对几十年前难以想象的复杂事物提供见解,还可以分析棘手的问题和挑战,而这能够前所未有地解放我们的身体和头脑,并赋予我们力量。

我希望在这个简短的讨论中强调一点,那就是:目前阻碍我们的,不是我们所使用工具的性质,而是我们强加给这些工具的既盲目又一厢情愿的设想。在机器公正和高效的浮华背后,暗藏着难以描述的不公、错误的分类和被编码的偏见。我甚至没有提到有些更强大的技术,设计出来就是为了剥削他人、谋取利润、专制执法、侵犯隐私,还有其他阴暗的事情,而它们往往被包裹在创新、安全和高效的皮囊中。

对于技术认识的谬误,也许最有害的一条就是"工具是中立的,重要的是我们如何使用它们"。这看似在传播常识和建立个人责任,但实际上是一种欺骗。我想说的是,关于技术我们最应该牢记在心的一条是:不存在所谓的中立系统或工具。

拿起枪就意味着你的环境里充满了潜在目标,持枪人自己也会逐渐变得暴力。坐进汽车,就改变了距离和风景的意义,就意味着成为便利、交通法则和利益的一部分。筛选算法通过所依据的数据和标准做出决定,决定什么是重要的、重要程度如何。确定算法的透明度、可解释性和吸引力的机制,就是确定了一系列基本观念，包括是什么保证了公平和问责机制，那些生活受到影响的人应该（或不应该）得到什么补偿。

技术中立论，往好了说是误导性的杜撰，往坏了说是一种自私的逃避，试图逃避审查和责任。正是因为我们正在创造和使用的系统十分复杂，所以这个问题也变得尤其重要：我们希望从技术中得到什么？或者说，当自动化系统能体现社会的基本契约和关系时，什么样的价值观、设想和规则才是合理的？正如麻省理工学院系统动力学研究组(MIT Systems Dynamics Group)主任约翰·D.斯特曼(John D. Sterman)在2011年发表的一篇探讨复杂系统带来的所谓"副作用"的文章中所言：

> 没有什么"副作用"，所有这些都只是"作用"而已。那些在我们预期之内的，或被证明是有益的效用，被我们称为主要效应，我们以此居功。而那些削弱政策效果和造成损失的效应，则被我们称为副作用，我们以此为失败的干预开脱。"副作用"并不是一种现实特征，而是一种迹象，表明我们的思维模式太狭隘，我们使用复杂系统的时间太短。[42]

换言之，我们必须尝试着去评估复杂的系统和挑战(包括但不限于技术领域)，我们进行评估所依据的并不是特殊的或选择性的抗辩，而是这些系统和挑战所带来的影响。如果社交媒体影响到政治选举，我们就不能简单地将信息化领域与"现实世界"分隔开，好像它们是两个不同的世界，也不能将"网络行为"简单地与其他行为区分开来。如果自动化监控侵害了个人隐私、违反了法律规范，那我们就必须自问理想社会是什么样的，以及某些商业模式和政治优先事项是否(或者在多大程度上)与人类基本自由兼容。

总之，算法并不能拯救我们：目前算法给我们带来的影响，不管从哪个方面来看，都不容乐观，也没有哪个超级智能机器能解决人类的集体困境。只有进行持续的、多元的协商谈判，我们才能更好地了解自己，才能检验和改进我们的知识以及贮存知识的系统，才能诚实地对待世间那些预料之中和意料之外的结果。

总结和建议

● 我们使用的词语至关重要，尤其是谈论技术的时候。从人工智能到零工经济，从云计算到内存和流程处理，语言中内含的假设和类比会影响我们的思考。

- 将技术及其设计与使用环境割裂开是错误的,这样既没有用,也没有意义。技术构成了我们的社会和身份,构成了我们的知识和社区联系纽带。
- 技术带来的影响正迅速发展,范围越来越大,给人类带来了理解上的难题。
- 涉及技术的设计、数据和监管的集体决策往往会带来巨大的连锁后果。为了保证后果可控,在一开始就要开展有意义的探讨(并审慎关注其实施情况)。
- 合理且成功地应用一项技术,需要对该技术试图解决的问题进行伦理性的、批判性的阐释,并认识到其输入信息的局限性。

- 在对技术的认知中,最普遍和最有害的谬误之一是:工具是中立的,关键在于我们如何使用。
- 不要相信技术中立论。要评估系统和技术的特定功能:它们促进或约束人类的哪些行为和态度,它们对应着哪些观点,技术的受益者是谁,使用或拒绝该技术会有什么后果。
- 我们正在创造和使用的系统十分复杂,所以尤其要搞清楚我们希望通过技术得到什么。
- 没有什么"副作用",所有这些都只是"作用"而已。要根据实际经验来评估复杂的系统和挑战,不要排除目标以外的不良后果和意外后果。

写在最后的话

现在是2020年8月26日，星期三。我正坐在家里的书桌前，回顾着本书开头的几段话。5个月前我写下了那些话，而其中有一句话"在新冠病毒大流行中期"现在看起来已经显得十分幼稚。

这是2020年3月26日我对自身情况的描述，也就是世界卫生组织首次将新冠病毒定性为大流行病的两周后。哪怕是现在，要确定我们处于新冠疫情的什么阶段仍为时尚早。这种不确定可能会一直持续下去，直到出现有效的治疗方法或者疫苗，才可能让生活恢复到以前的样子。目前，英国病例较少；但在世界上的其他地方，病例数要么很高，要么正在增长，而北半球的冬天还没有到来，这是一个不确定因素。

也许是我遣词造句比较随意，也许是我真的希望3月是疫情发展的"中期"，我已经不记得当时的情形了。现在，如果我要将其替换为"在新冠病毒大流行的初期"，或者直接删除这句话是很容易的，但我很高兴我无知的一面被保留了下来。正如我写这本书时试图强调的那样，回顾过去对思考和写作都很有用。声称你预先知道了故事的结局是很舒服的——尤其当你是写故事的那个人时，这实在是太容易实现了。

在某种程度上，思考就是把世界变成故事，或是将事件连贯地串起来。我在本书中花了大量的篇幅，来探讨在尽量不违背世界的复杂性和不确定性的情况下，尝试思考意味着什么。但其复杂性和不确定性都远远超出了我们能够控制的能力范围，所以假设与现实的不匹配将一直存在，这种情况促使我们去假设和推测，去想办法证明观点，而不是与我们的无知面面相觑。

如果这听起来很悲观，那并不是我有意为之。于我而言，写这本书是在这奇怪而焦虑的一年里最令我满足的事情之一。因为这让我有机会尽可能诚实、清晰地讲述我相信的事情，可以少受蒙骗，与时俱进地改变我的观点，在保持敏锐的批判能力的同时，可以敞开心扉接受他人的观点，而所有这些都能给我们的世界增加一点希望。而且，新冠疫情和随之而来的阴谋论已经生动地说明"另一种解释"对我们人类来说并不是上策(尽管在此期间很多人可能会从中获利)。

在阅读这本书的过程中,你觉得哪些观点是有用或难忘的?在最后的反思框中,有一些问题供你思考。

最后一个反思框

● 你在这本书中读到的最重要或最有趣的东西是什么?

● 为什么你认为这是最重要或最有趣的?你会如何向别人解释它们?

● 你读到了哪些你不认同的内容?

● 哪些内容让你感到惊讶,或让你陷入沉思?

● 你是否觉得这本书缺少或遗漏了什么内容?

最后,也许我们能做的最重要的事情是保持交流,并努力真正倾听对方的回应。正如我在第2章里强调的,几乎所有有价值的写作都涉及反复阅读和重写，几乎所有有价值的思考都涉及反思和三思。语言是棘手的、非凡的、精致的东西。也许语言最了不起的一点在于，像人类创造的许多作品一样，它们有时会变得比最初创造它们的人更好、更有智慧，并反过来帮助人们变得更好。

以下是有效写作和有效思考的另一个共同点：它们都需要将习惯、研究、反复改进、合作和沟通融为一体的思维方式。相比孤立无援地探索，这些方法能带领我们走得更远。我们所有人都是时代、环境和关系的产物——只有更仔细地审视时代、环境和关系与本我之间的对话，才能发现生命中许多重要的启示。

你应该从这本书中得到什么？我希望你会从中获得一些乐趣，但也有一些我认为很重要的观点，值得再阐述一次（一如既往地欢迎你们提出不同意见）：

- 我们的知识和经验不足，很少有事情是我们能够独立处理的。
- 开始学习前，你需要尽可能思考清楚你在知识、经验和专业方面有哪些不足，以及如何填补这些不足。

- 当我们的知识是不确定的或暂时的时，这种不断发展的不确定性促使我们去沟通以解决问题。
- 培养语言表达中合理的不确定性。在缺乏证据的情况下谨慎使用确定的表述方式。
- 无论内容表达得多么清楚，只有仔细研读，才能进行一场成功的交流。
- 试着仔细地、用心地理解他人的想法，花时间思考并阐述他们的设想。用你自己的语言表达他们的主要观点，这些通常是理清楚事物的最好方法。
- 相比假设，我们的情感直觉只能在一些场合有用，假设我们的情感直觉可以直接转化为世界的硬性规则要舒服得多；不幸的是，假设才更多地存在于我们的实际生活中。
- 为了建设性地反驳一个设想，你需要在被过度简化的地方重新提出复杂的问题；要与他人在知识上达成共识，还要找到共同的价值观和目标。
- 阐明某件事背后的推理逻辑，可以让你明白为什么有人相信它，也能帮助你评估这个推理思路有多大的说服力，并将它与其他推理思路比较，最后做出明智的决定，是否要接受它。

● 在分析重要的事情时，要考虑各种推理思路。尽量用令人认可的方式重述别人的想法，然后解释你在什么地方同意或不同意他们的观点，以及为什么。

● 如果你一直在寻找例证支持，那么证实你希望相信的任何事情的过程都可能是没有尽头的。相对地，如果你试图证伪某一解释，你就可以用其他的解释来检验它，并探索哪种解释更好。

● 尽可能证伪而非证实，不要被一个无法被推翻的理论所迷惑。解释一切就等于什么也解释不了。

- 创造力既不是奢侈品,也不是与生俱来的天赋。只要方法正确,创造就是一个任何人都可以参与且从中受益的过程。
- 切记,没有人能控制自己的作品的被接受度。唯一可以保证的是,如果要创造什么东西,你首先需要开始行动,并保持继续前进。
- 如果你想知道发生了什么,就去挖掘一下统计数据背后的故事,试着去理解现实与其统计描述之间的差距。
- 机器擅长提供答案,其运算能力也远超人类,但只有人才能从世界中提炼出问题。
- 最后,所有重要的思考,包括理解以及评估目的和影响,只能发生在人类的大脑中。

感谢你的阅读和思考,以及读完之后产生的一点点新的想法(我希望)。

帮你清晰思考的工具包:

十个关键概念

一、论证（Argument）

与大声争吵不同，在哲学论证中，需要由一个前提或一系列相互关联的前提去证明其最终结论。我们应该列出这些前提，以论证的标准形式加以分析，以便弄清人们为什么会相信事情是这样的、识别任何隐含的或错误的假设、对不同的推理思路进行比较。相比之下，断言只是在简单地陈述，而不提供任何支持这一断言的推理。

演绎论证的逻辑是从前提中得出结论。如果推理可靠、前提无误，则结论也一定是正确的：这就是有力的论证。相反，归纳论证则是通过模式和观察来论述一个结论可能是正确的。只要对各种前提的可能性的权衡能够得出明确支持归纳论证的结论，我们就可以用演绎的方法来重写归纳论证。尽管这并不会使该归纳结论更具确定性，但是将有助于我们更好地理清楚事情。

一般来说，审慎地阐明他人和自己的推理过程是一个好方法，能确保你正在尽可能地进行严谨的思考。但别忘了，我们应持有"宽容"的态度，切勿陷入稻草人谬误。

二、假设（Assumption）

任何我们认为理所当然，但实际上并不明确的事情都属于假设。我们永远不可能说清楚自己所有的假设，或者对它们深究到底：因为你的推理总得有一个起点。但是，我们可以试着在推理中检验和讨论相关的假设。

我们最根深蒂固的假设往往都来自于情感和本能，源自于我们的基因遗传和文化遗产。因此，有人批评这些假设时，我们觉得像是受到了人身攻击。但事实上，我们仍然可以就这些假设展开讨论，甚至在特定条件下可以与反对意见和解或对假设做出调整。一个群体如果拥有一个共同目标，那么在互相尊重的前提下，人们就能够从假设的多样性中获益。

不过，互相尊重的辩论并不是轻易就能实现的，要想保证有一个互相尊重的环境，对"不宽容"的"不容忍"本身就是一项重要原则：我们坚决"不容忍"那些有碍于和平交换意见的"不宽容"。

三、注意力（Attention）

在信息化时代，大量的信息丰富了我们的生活，也带来了干扰，因此管理时间和注意力成为一项重大挑战。让自己能够"按下暂停键""三思而后行"对于解放自己的精神大有裨益。当然，我们也需要想清楚哪些时刻才需要"暂停"。

如果想要高效地思考、更好地生活，我们就需要将时间划分为不同的类型和不同的结构：设定界限、划分时段；劳逸结合，修复精神，让思维自由地流淌。我们应当有意识地探索自己的习惯和偏好，这样才能找到适合自己的生活方式。一定要做好时间分类，不要只过"一种时间"。

四、宽容 (Charity)

在哲学上，"宽容原则"是指我们有义务从他人的言行中提取尽可能多的合理内容，并且除非有确凿的反对理由，不然我们应当避免假定他人心怀恶意或存在谬误。

尽管宽容确实可以减少民事纷争，但这一哲学原则并不是为了友善而友善，其初衷是确保你能从异见中学到尽可能多的东西。吸收异见的过程是对你的观点的最好的测试。对那些与你意见不一致的人，我们要有同理心，审慎地思考他们的意见。如果出现了强有力的新证据，我们就应该做好改变自己的想法的准备。

这种宽容在实践中很难做到——它不适用于故意挑起的恶意分歧，也不能解决某些人观点里天生包含的暴力或偏执狭隘。宽容是一种情感和智识上的自律，能够指导我们去聆听他人的想法。如果对别人的观点有疑问，不要妄自尊大，而要向他们提出开放式的问题，并仔细倾听他们的回答，你可能会从中获益匪浅。

五、确认（Confirmation）

确认偏误指的是人们倾向于只寻找（或关注）一种信息，就是能证实他们已相信的（或希望是正确的）事情的信息。从某种程度上来说，确认偏误不可避免，因为所有人都通过自己的感知来体验世界，并且我们在日常思考中会无意识地想到那些我们觉得熟悉或重要的事物。

当我们被信息狂轰滥炸而自己却没有能力进行评估时，或者当我们面对那些被蓄意操纵的或虚假的信息时，确认偏误往往最为有害。因此，当面对难题时，我们应放慢脚步，可以通过听取他人的观点、获取可靠的外部信息、有效重构该难题等方式，来寻求认知强化。

六、质疑 (Doubt)

如何质疑才是有建设性的？相比沉溺于确定性带来的舒适，我们更应该积极地去探索未知、摆脱无知。从心理上讲，质疑是很难维持的，甚至可以说是一种禁忌，尤其是在特定的环境中，比如那种视快餐文化至上、推崇抓人眼球的确定性的环境（如社交媒体）。

表达质疑也是一个难题——我们要如何确定质疑的声音被听到且得到重视？在一定程度上，这个问题是结构性的，涉及信息系统的激励机制和公开辩论的动向。同样重要的是，相比一味地肯定和否认，诚实的质疑最终更能描述和预测现实；质疑有助于我们探索各种各样的不确定性，以便我们在面对灾难性或突如其来的风险的时候，能够及早采取果断行动。

七、解释 (Explanations)

解释，就是讲解说明某物为何如此。总的来说，解释越全面、越简洁越好。不合格的解释要么否认让自己为难的证据，要么有着不必要的复杂性。

解释的简洁性并非硬性规定——因此，我们需要比较不同的解释，对比其在描述和预测现实时的有效性和准确性。例如，阴谋论也是一种解释，它试图用循环逻辑和证实逻辑解释一切，可是它到头来什么也解释不了。

通常，无法反驳的解释都是毫无价值的。好的解释能产生可检验的预测，无论这些预测是否为真，都能提高我们的知识和理解力（因为如果预测为真，我们就可以将解释用作一种模型；如果预测为假，就可以将解释视为有用的证伪）。通过研究这些解释，最终会形成一个详尽的、有前瞻性的理论，这个理论通过了我们所能进行的最严格的测试，有力地帮助人们认知世界。

八、谬误（Fallacy）

谬误是一种错误的或有缺陷的推理过程，其特别之处在于，乍一看，谬误的推理似乎令人信服。一般来说，谬误会将错误的假设隐含在论证过程中，处理谬误的最佳方式就是明确这些错误假设。

一个常见的谬误是"人身攻击",即一个观点的正误全部取决于提出观点的人,而不取决于该观点的内容。举个例子,如果要戳穿这样的谬误,我们可以说"2+2=4"这个式子永远是正确的,不因说话者改变而改变。另一个常见的谬误是假两难推理,即把一个复杂的问题简化为两个相互排斥的选项,以得出非黑即白的结论。

在分析谬误的时候,要谨记哲学上的"宽容原则",并且要意识到,与其说这些谬误产生了完全错误的主张,不如说它们做出了错误的概括。例如,"自然论证"可能会试图通过暗示"任何非自然的东西一定是不好的"来解决一个复杂的问题。这一说法确实是不正确的,但并不意味着"自然"完全与"好的事物"无关。换言之,这种谬误仅仅是夸大、误解或错误分类了某事的优点。

九、修辞 (Rhetoric)

谬误是一种错误的推理形式,而修辞在广义上则是指一种说服性的语言使用方式。我们应当对修辞保持警惕,但修辞并没有"好""坏"之分。要认识到,所有的语言都有一些修辞特性，所谓的中立或公正的语气可以和高度情绪化的语气一样产生巨大的修辞效果。

当面对修辞时，我们要能够将"语气、语言的情感效果"和"话语的信息内容"区分开来。当我们需要解决一些谬误时，指出一段信息里的修辞可以帮助我们理清思路——意识到自己的话语中使用的修辞成分也有同样的效果。

十、可变性（Variability）

在统计数据面前保持思维清晰是一件难事。其实，最简单也是最重要的一点在于，要记住所有的统计数据都是被"做"出来的，而不是被"找"出来的。因此，你看到的统计数据和你感兴趣的实际数据之间总是存在差距。

可变性是指我们通过统计调查到的大多数现象会因时间地点而发生变化，因此我们必须要考虑到统计数据的可变性。例如，要评估一个国家的人口需要进行某些统计和评估，随后再基于这些数据推断出一个较为全面的结果。得到的结果可能会非常准确和可靠，但实际上，这个国家的真实人口永远不会在短时间内固定，且永远无法被准确测量。

通过统计，我们可以对世界有更多了解，但若想实现最严格的统计学研究，我们就要明白，"做"出统计数据的过程本身和数据所描述的现象一样，都应该是我们研究的主题。

尾注和阅读拓展

1. 罗伯特·波因顿（Robert Poynton），Do/Pause: You are Not a To Do List（The Do Book Co., 2019）。您可以在此链接免费线上阅读该书的第一章：https://medium.com/do-book-company/you-are-not-a-todo-list-42ab27994e72。您还可以在以下链接观看波因顿于2020年4月7日发表的演讲："Why we all need to pause right now"：www.youtube.com/ watch?v=vhefsrZ87g8。

2. 这句话已经成为克尔凯郭尔（Søren Aabye Kierkegaard）最著名的名言之一，出自他1843年发表在杂志上的一段话，直译过来就是："哲学告诉我们，若要理解生活，必须向后看。"但我们往往会忘记他的第二项主张："生活必须不断向前。"越是仔细思考克尔凯郭尔的观点，就越能得出这样的结论：人生在任何时候都不可能真正被完全理解；正是因为时间不会停止，而我也因此无法倒退。（Søren Kierkegaard, Journalen JJ: 167 (1843)，Søren Kierkegaards Skrifter, Søren Kierkegaard Research Center, Copenhagen, 1997–, vol. 18, p. 306）。

3. 2020年2月，维克多·阿德博瓦勒（Victor Adebowale）编辑了《英国医学杂志》特刊，探讨医学中的种族主义问题，其中包括他对卫生和保健领域中存在的系统性种族不平等的广泛思考（见2020年2月15日第8233期368卷）。阿德博瓦勒在2020年10月28日接受《英国医学杂志》采访时反思了疫情和英国社会中的不平等，他说："在某种程度上，新冠疫情暴露了社会的弱点……就像把红色油漆泼在裂缝上。你可以看到不平等、不公正、对革新的需求的存在。事态已经如此严峻，我们不得不着手处理。"

4. "可得性偏差"的一个常见例子是，最近发生的或值得纪念的事件往往会主导公众的态度。例如，当某个名人公开与一种罕见的癌症做斗争时，会吸引高度的社会关注和大量的资金。社会心理学家卡罗尔·塔夫里斯（Carol Tavris）和艾略特·阿伦森（Elliot Aronson）在《错不在我》[Mistakes Were Made (but Not by Me)]（Pinter & Martin, 2020）一书中探讨了相关的认知失调现象，即面对相互矛盾的证据时，人们会基于个人认知做出决定。

5. 出自安妮特·西蒙斯（Annette Simmons）撰写的《故事思维》（The Story Factor）（Basic Books, 2019）第33页。正如西蒙斯在第一章中指出的那样，故事的力量利用了"可得性偏差"，让人们获得那些在其他情况下看似无关紧要的想法："讲一个有意义的故事意味着激励你的听众……让他们得出与你相同的结论，并自己决定相信你所说的，做你希望他们做的事情。比起你的结论，人们更看重自己的结论。他们只会相信对他们个人来说已经成为事实的故事。"（同上，第3页）。

6. 约翰·杜威（John Dewey），《我们如何思考》（How We Think）（DC Heath & Co., 1910），第13页。你可以在如下链接通过Project Gutenberg找到完整的文本。www.gutenberg.org/files/37423/37423-h/37423-h.htm，或者阅读Dover Publications出版社2003年版的书籍。贝尔·胡克斯（Bell Hooks）

的《批判性思维》（*Critical Thinking*）（Routledge, 2010）以一种对比鲜明的视角，借鉴并扩展了杜威的许多见解，为当今渐进的、批判性的教育构建了一个强力的愿景。

7. 当谈到亚里士多德和习惯时，哲学家伊迪丝·霍尔（Edith Hall）在《亚里士多德之道》（*Aristotle's Way*, Penguin, 2019）中，对亚里士多德的哲学在当代的应用进行了仔细的阐述。霍尔认为，"成为好人的唯一方法就是做好事。你必须公平待人。"（第9页）

8. 详见The Prospect Interview #127: "Behind the science of Covid-19"，2020年4月28日，https://play.acast.com/s/headspace2/127-howbesttohandlecovid-19-withadamkucharski.

9. 詹姆斯·格雷克（James Gleick）在他的传记《天才：理查德·费曼的生活与科学》（*Genius: The Life and Science of Richard Feynman*）（Pantheon, 1992）中讲述了这个故事，第399页："1964年，（费曼）做出了一个罕见的决定，加入了一个公共委员会，负责为加州小学选择数学教科书……他向委员们争辩说，在改革者的教科书中，集合（即集合理论）是最阴险迂腐的中一个例子：为了定义而定义，不引入新概念却引入新单词……他指出，在现实世界中，'绝对精确'是永远达不到的理想。"若想体验一下费曼对复杂思想的清晰解释，可以在www.feynmanlectures.caltech.edu上找到《费曼讲物理》（*The Feynman Lectures on Physics*）的全文。

10. 约翰·塞尔（John Searle），《意向性论心灵哲学》（*Intentionality: An Essay in the Philosophy of Mind*）（Cambridge, 1983），p. x。关于心灵和语言本质的另类观点，请参阅露丝·加勒特·米利卡（Ruth Garrett Millika），Varieties of Meaning: The 2002 Jean Nicod Lectures（MIT Press, 2006）。

11. 作家兼活动家安吉拉·戴维斯（Angela Davis）的《自由的意义》（*The Meaning of Freedom*）（City Lights, 2012）以鼓舞人心的方式体现了修辞是一种善的力量。书中收录有一系列慷慨激昂的演讲，倡导变革，抵制不公。"无论我在哪里，无论我在做什么，我只有通过斗争才有可能感觉到自己与未来的联系。"（第36页）。

12. 雪莉·特克（Sherry Turkle），《重拾交谈：数字时代交谈的力量》（*Reclaiming Conversation: The Power of Talk in a Digital Age*）（Penguin, 2015），第62页。在数字环境下，特克还对在线生活展开了探索，详见Alone Together: Why We Expect More from Technology and Less from Each Other（Basic Books, 2017）。

13. 美国疾病控制和预防中心的网站上有关于天花的历史简介，网址是：www.cdc.gov/smallpox/history/history.html。

14. 当我们讨论最深的社会分歧时，作家兼活动家奥黛丽·洛德（Audre Lorde）在1981年的演讲《生气的使用：女性对种族歧视的回应》（"*The Uses of Anger: Women Responding to Racism*"）是我所听过的话中最有力的。她在演讲中表达了她面对种族歧视和其他人的不作为的愤怒："一次学术会议上，我的发言比较直接，蕴含着怒意，结果一名白人女性对我说：'你可以表达你的感受，但是你若是措辞尖锐，我就装作听不到。'是我的态度让她听不见，还是说我说的话可能有碍于她的生活？" www.blackpast. org/african-american-history/speeches-african-american-history/1981-audre-lorde-uses-angerwomen-responding-racism 上登载了全文。

15. 休谟关于理性是"激情的奴隶"的论述可以在其《人性论》第二卷第三部分的第三节中找到，全文在线阅读：www.gutenberg.org/ebooks/4705。

16. 乔纳森·海特（Jonathan Haidt），《正义之心》（*The Righteous Mind: Why Good People Are Divided by Politics and Religion*）（Penguin，2013），第90页。还可以阅读丽贝卡·索尔尼特（Rebecca Solnit）在2008年发表的《爱说教的男人》（*Men Explain Things To Me*），www.guernicamag.com/rebecca-solnit-men-explain-things-to-me，也可以在她2014年的同名文集中找到该文章。这本书讲述了一个习惯于扮演权威解释者的男性角色，他把索尔尼特自己所写的一本书解释给她听，甚至没有给她机会解释她就是这本书的原作者。

17. 玛丽安·威廉姆森（Marianne Williamson），*The Healing of America*（Simon & Schuster，1997），第72页；这本书为政治复兴提供了强有力的伦理依据和精神依据。

18. 丹尼尔·卡尼曼（Daniel Kahneman），《思考，快与慢》（*Thinking, Fast and Slow*）（Farrar, Strauss and Giroux，2011），第12页。这本畅销书清晰地介绍了许多认知偏见和启发式研究的底层原则。

19. 《华盛顿邮报》转载了 Meet The Press 2017年1月22日的采访全文 "*How Kellyanne Conway ushered in the era of alternative facts*" ——参见 www.washingtonpost.com/news/the-fix/wp/2017/01/22/how-kellyanne-conway-ushered-in-the-era-of-alternative-facts。正是在该篇文章中诞生了"替代事实"一词。随后，康威在纽约710 WOR电台上接受了马克·西蒙（Mark Simone）的采访，采访内容在 Salon 上以 "*Kellyanne Conway: The American people 'have their own facts'*" 为题于2018年2月1日发表：www.salon.com/2018/02/01/kellyanne-conway-the-american-people-have-their-own-set-of-facts。

20. 沃尔特·辛诺特-阿姆斯特朗（*Walter Sinnott-Armstrong*）的书《再思考：如何推理与辩论》（Think Again: How to Reason and Argue）（Pelican, 2018）清晰地描述了推理的在日常生活中的力量和意义，解读了论证的使用和滥用。

21. 作为本章主题的补充，请看由奥克兰大学FutureLearn项目提供的免费在线课程："Logical and Critical Thinking"，www.futurelearn.com/courses/logical-and-critical-thinking。其中包含了练习、案例和详解。

22. 如果想探究推理的道德意义，可以看看玛丽·米格利（Mary Midgley）的《哲学有何用》（*What Is Philosophy for ?*）（Bloomsbury, 2018）。

23. 2012年11月26日，迈克尔·布朗（Michael J.I. Brown）在The Conversation上发表的文章"*Straw man science: keeping climate simple*"中，提供了一个预测模型，推翻了当时反对气候变化的稻草人论点，您可以在如下链接查看全文：https://theconversation.com/straw-man-science-keeping-climate-simple-10782。

24. 在哈佛大学肯尼迪学院2020年4月28日发布的《错误信息评论》（*Misinformation Review*）中有一篇文章名为"*Why do people believe COVID19 conspiracy theories?*"https://misinforeview.hks.harvard.edu/article/why-do-people-believe-covid-19-conspiracy-theories。9位学者调查了2023名美国成年人，并分析了他们对新冠病毒的看法。他们发现"29%的受访者认为新冠病毒的威胁被夸大了，因为要反对特朗普；31%的人认为这种病毒是有目的地制造和传播的；而且强烈地抱有这些想法的人往往会先入为主地拒绝任何专家信息（否认主义），将重大事件视为阴谋论（阴谋思维），同时也会显现出党派和意识形态层面上的动机"。

25. "过滤气泡"指的是网络平台倾向于向人们呈现与其取向相投的新闻和观点。这种做法不会挑战人们已有的认知，而是会不断强化这些认知。"过滤气泡"因此也是确认偏误的一种。如果你想打破你的过滤气泡，就要从多个角度寻找有新闻价值的话题（并对该内容进行多重解读）；在社交媒体、时事通讯和播客上关注来自不同背景的有趣的人；使用duckduckgo这样的搜索引擎来查看与你的个人资料或浏览历史取向不同的结果。

26. 卡尔·波普尔（Karl Popper），《科学发现的逻辑》（*The Logic of Scientific Discovery*）（Routledge, 2002），第431页。布莱恩·马吉（Bryan Magee）的《波普尔》（*Popper*）（Fontana, 1985）对波普尔的思想做了较好的介绍。托马斯·库恩（Thomas Kuhn）1962年的著作《科学革命的结构》（*The Structure of Scientific Revolutions*）（University of Chicago, 1996）与波普尔的观点形成了鲜明对比，该书认为科学的历史主要是由范式转变驱动的。这场辩论值得你自己去探索。

27. 肯·罗宾逊（Ken Robinson），*Out of Our Minds: The Power of Being Creative*（Capstone, 2017），第2页。如果你想足不出户就找到创作灵感，可以考虑在网上浏览一些世界上最伟大的博物馆藏品：梵蒂冈博物馆可以提供包括西斯廷教堂在内的虚拟之旅，其他博物馆包括大英博物馆、纽约古根海姆博物馆、普拉多博物馆和卢浮宫也提供类似的体验。

28. *"Toni Morrison: Write, Erase, Do It Over"*，该文为丽贝卡·萨顿（Rebecca Sutton）的访谈（NEA Arts, 2014, no. 4），第2页，在线阅读链接请点击：www.arts.gov/stories/magazine/2014/4/art-failure-importance-risk-andexperimentation/toni-morrison。如想深入探索她的写作生涯，请参阅莫里森的《自尊之源：散文、演讲与沉思》（*The Source of Self-Regard: Selected Essays, Speeches, and Meditations*）（Knopf, 2019）或她的小说《宠儿》（*Beloved*）（Vintage, 1997）。

29. 关于布加勒斯特方法的一般原则，以及它在英国小学课程中的具体应用，请参阅他在全球治理研究所的"培养创造性思维"（Nurturing Creative Thinking）项目：www.globalgovernance.eu/work/projects/nurturing-creative-thinking/。

30. 亚历山大·麦肯德里克（Alexandre Mackendrick），《电影导演大师课：亚历山大·麦肯德里克教你拍电影》（*On Film-making: An Introduction to the Craft of the Director*）（Farrar, Straus and Giroux, 2004），第xxiv页。在"Mackendrick On Film"系列中（由保罗·克罗宁编辑），麦肯德里克的想法被讨论并付诸实践，可以在YouTube上TheStickingPlace频道中观看，可以从Sequence 7开始观看：www.youtube.com/watch?v=cWkKdQXE5Uo。

31. 对于对话的本质——以及如何倾听他人——的丰富探索，大卫·博姆（David Bohm）1996年出版的《论对话》（*On Dialogue*）（Routledge, 2004）仍然是经典之作。心理治疗师洛里·戈特利布（Lori Gottlieb）的《也许你该找个人聊聊》（*Maybe You Should Talk to Someone*）（Scribe, 2019）一书则是对自我认知的一次有趣且富有同理心的探索。

32. David Spiegelhaler的《统计的艺术》（*The Art of Statistics: Learning from Data*）（Pelican, 2019）是我读过的最好的统计学介绍之一。另一篇通俗易懂、聪明又吸引人的介绍是蒂姆·哈福德（Tim Harford）的《拼凑真相——认清纷繁世界的十大数据法则》（*How to Make the World Add Up: Ten Rules for Thinking Differently About Numbers*）（Bridge Street Press, 2020）。可汗学院的网站www.khanacademy.org上有许多教授概率论和基本统计概念的交互模块，非常值得推荐。建议从"概率"单元开始学习。

33. 奥诺拉·奥尼尔（Onora O'neil）在里斯（Reith）发表的关于"信任与透明度"的演讲可以在www.bbc.co.uk/radio4/reith2002/lecture4.shtml网站上找到全文，也被收录在了*A Question of Trust*（Cambridge University Press, 2002）一书中。关于她在"智能开放"方面的工作，请参阅英国皇家学会科学政策中心的报告Science as an open enterprise（2012年6月）。https://royalsociety.org/~/media/royal_society_content/policy/projects/sape/2012-06-20-saoe.pdf.。

34. 数据源自"Coronavirus (COVID-19) Infection Survey pilot: England, 31 July 2020. Initial data from the COVID-19 Infection Survey"。www.ons.gov.uk/peoplepopulationandcommunity/ healthandsocialcare/conditionsanddiseases/bulletins/coronaviruscovid19infectionsurveypilot/31july2020。

35. Williamson, E.J, Walker, A.J, Bhaskaran, K. 等人（2020），"Factors associated with COVID-19-related death using OpenSAFELY", Nature 584,430-436,https://doi.org/10.1038/s41586-020-2521-4。

36. 卡罗琳·克里亚多·佩雷斯（Caroline Criado Perez）的《看不见的女性》（*Invisible Women: Exposing Data Bias in a World Designed for Men*）（Vintage, 2020）揭示了很多被认为理所当然的事物是如何以男性（而非女性）的身体构造和经历为基础构建的，并以此作为一个例子，说明统计分析虽然可以作为描述世界的证据，但同时数据也值得被质疑、挑战和改变。

37. 杰伦·拉尼尔（Jaron Lanier）的《你不是个玩意儿》（*You Are Not a Gadget*）（Penguin, 2011）是我最喜欢的一部人与机器的作品，探索了人类和机器之间的根本差异，讨论了人是如何轻易忽略自身与机器之间的差异的。

38. 蒂曼德拉·哈克尼斯（Timandra Harkness），"How Ofqual failed the algorithm test", UnHerd，2020年8月18日，详见https://unherd.com/2020/08/how-ofqual-failed-the-algorithm-test。

39. 汉娜·弗莱（Hannah Fry），《你好世界：如何在机器时代成为人类》（*Hello World: How to be Human in the Age of the Machine*）（Black Swan, 2019），第70页。弗莱在2020年8月17日上午11:26发布了关于考试算法的推特，详见 https://twitter.com/fryrsquared/status/1295306053916254210。另一本探索算法偏见的书是凯茜·奥尼尔（Cathy O'Neil）的《数学毁灭的武器：大数据如何增加不平等并威胁民主》（*Weapons of Math Destruction: How Big Data Increases Inequality and Threatens Democracy*）（Penguin, 2017）。

40. 萨菲娅·乌莫贾·诺布尔（Safiya Umoja Noble）的著作 *Algorithms of Oppression: How Search Engines Reinforce Racism*（NYU Press, 2018）阐述了许多偏见。为了讨论算法偏差和缓解的实际策略，乔伊·布兰维尼（Joy Buolamwini）在2016年11月的TEDxBeaconStreet演讲《我如何与算法偏见对抗》（*How I'm fighting bias in algorithms*）值得一看：www.ted.com/talks/joy_buolamwini_how_i_m_fighting_bias_in_algorithms。

41. 约翰·斯特曼（John Sterman）于2013年11月5日为Network for Business Sustainability发表了一篇文章"*Making Systems Thinking More Than a Slogan*"，网址为www.nbs.net/articles/making-systems-thinking-morethan-a-slogan；当谈到对复杂性和未来进行系统和整体的思考时，凯特·雷沃斯（Kate Raworth）的《甜甜圈经济学:像21世纪经济学家一样思考的七种方式》（*Doughnut Economic:Seven Ways to Think Like a 21st-Century Economist*）（Random House Business, 2018）一书站在了挑战现有学科边界的最前沿。

图书在版编目（CIP）数据

清晰思考 /（英）汤姆·查特菲尔德著；赵军主译. -- 杭州：浙江教育出版社，2023.11
ISBN 978-7-5722-6571-6

Ⅰ. ①清… Ⅱ. ①汤… ②赵… Ⅲ. ①思维方法 Ⅳ. ①B804

中国国家版本馆CIP数据核字(2023)第189009号

How to Think by Tom Chatfield
©Tom Chatfield 2021
Authorized translation from English language edition published by SAGE Publications, Ltd.
本书原版由SAGE Publications, Ltd.出版，并经其授权翻译出版。

引进版图书合同登记号　浙江省版权局图字：11-2023-235

清晰思考
QINGXI SIKAO

[英]汤姆·查特菲尔德　著　赵军　主译　陈喆　参译

总策划	李　娟	**策划编辑**	王思杰
责任编辑	王晨儿	**文字编辑**	骆　珈
责任校对	傅美贤	**美术编辑**	韩　波
责任印务	曹雨辰		

出版发行　浙江教育出版社（杭州市天目山路40号 邮编：310013）
印　　刷　北京盛通印刷股份有限公司
开　　本　787mm×1092mm　1/32
印　　张　7.625
字　　数　128 100
版　　次　2023年11月第1版
印　　次　2023年11月第1次印刷
标准书号　ISBN 978-7-5722-6571-6
定　　价　58.00元

如发现印、装质量问题，请与印刷厂联系调换。联系电话：15901363985

人啊，认识你自己!